自然奥秘探索小

鱼鸟的迷藏

信自立 著

吉林美术出版社 | 全国百佳图书出版单位

前言

亲爱的小朋友，我们生活的自然世界丰富多彩，我们吃的穿的用的，都取之于自然，是大自然用水、空气以及一切资源养育着我们，我们赖以生存的自然环境是永远离不开的妈妈怀抱。因此，我们要关心自然，亲近自然，认识自然，做爱护自然的小卫士。

我们每天享受着大自然带给我们的一切，然而又有谁能够清楚地知道我们生活的大自然究竟什么样子呢？大自然所隐藏的奥秘，真是无穷无尽，无奇不有，奥妙无穷，神秘莫测，许许多多的难解之谜简直不可思议，使我们对自己的生存环境是捉摸不透，看不清自然这位妈妈的真实面貌。

自然奥秘是无限的，科学探索也是无限的，我们只有不断认识大自然，破解更多的奥秘现象，才能

使之造福于我们人类的文明，我们人类社会才能不断获得发展。

为了普及科学知识，激励广大小读者认识和探索自然世界的无穷奥妙，我们根据中外最新研究成果，特别编辑了这套作品，主要包括动物、植物、生物等方面的奥秘与探索内容，是自然奥秘探索的小窗口，具有很强的科学性、可读性和新奇性。

本套作品知识全面、内容精练、图文并茂，形象生动，通俗易懂，趣味盎然，能够培养我们的科学兴趣和好奇心理，达到普及科学和奠定知识的目的，是我们广大小读者了解科学、增长知识、开阔视野、提高素质、激发探索和启迪智慧的良好科普读物。

目录 Contents

海豚是飞毛腿吗 6

海豚竟然当间谍 22

鱼类的医生清洁鱼........29

名不符实的八目鳗........34

能够爬树的弹涂鱼........39

喜欢唱歌的白鲸 44

比目鱼的名字由来........49

鸟会飞的原因...............53

鸟儿认路的本领 58

燕子迁徙的秘密 62

真正的千里眼老鹰........67

“森林卫士”啄木鸟 72

能学人说话的鹦鹉........77

大型海鸟信天翁 82

最不怕冷的企鹅 87

借巢孵卵的杜鹃 93

蜂鸟的飞翔特技 98

用嘴养育后代的鹈鹕 ..103

生死相许的大雁 108

“空中强盗”贼鸥......115

“雀中猛禽”伯劳鸟 ..120

复仇的猫头鹰 124

海豚是飞毛腿吗

格雷怪论的产生

海豚可算得上是游泳健将，它平常的速度每小时可游40千米至48千米。当它全力前进的时候，就可以达到每小时80千米。这样的速度足可以让其他鱼类望尘莫及，因此人们便把海豚称为海洋里的飞毛腿。

但科学家们认为，根据海豚的自身特点及形体，它的游速每小时怎么也不能

超过20千米。如果海豚的游速超过了它的肌肉所能承受的限度，只有在以下两种情况下才能得以实现：

一是海豚的肌肉具有超自然的高效率，比一般哺乳动物强6倍；二是它采用某种奇特的方法减少阻力。

这种假说，是1936年英国的一位水生动物研究专家詹·格雷提出来的，人们便把这一理论称为格雷怪论。

gé léi guài lùn de chǎn shù
格雷怪论的阐述

zì cóng gé léi tí chū zhè yí guài lùn yǐ lái kē xué jiā men wéi
自从格雷提出这一怪论以来，科学家们围
rào zhè yí wèn tí jìn xíng le guǎng fàn de yán jiū hé tàn tǎo hǎi tún
绕这一问题进行了广泛的研究和探讨，海豚
de yóu sù wèn tí chéng le rè mén huà tí
的游速问题成了热门话题。

rén men hěn kuài jiù zhèng shí le hǎi tún de jī ròu méi yǒu tè shū
人们很快就证实了海豚的肌肉没有特殊
de gòu zào dāng rán yě jiù bú jù bèi chāo zì rán de gāo xiào lǜ nà
的构造，当然也就不具备超自然的高效率。那
me tā de chāo sù dòng lì yuán jiū jìng lái zì nǎ li ne
么，它的超速动力源究竟来自哪里呢？

yǒu rén bǎ yán jiū de jiāo diǎn fàng zài hǎi tún nà liú xiàn xíng de
有人把研究的焦点，放在海豚那流线形的
tǐ xíng shàng wèi le zhèng shí zhè zhǒng jiǎ shuō de kě néng xìng biàn zuò
体形上。为了证实这种假说的可能性，便做

le yí gè hǎi tún de mó xíng cóng tǐ xíng dào tǐ biǎo dōu yǔ zhēn hǎi tún
了一个海豚的模型，从体型到体表都与真海豚
bié wú èr zhì
别无二致。

lìng wài zài mó xíng shàng hái ān shàng le yǔ hǎi tún wěi qí suǒ
另外，在模型上还安上了与海豚尾鳍所
chǎn shēng de tuī lì xiāng tóng de tuī jìn qì shí yàn de jié guǒ què ràng
产生的推力相同的推进器。实验的结果却让
rén dà shī suǒ wàng tā yǔ hǎi tún de sù dù bǐ qi lai yào màn de
人大失所望，它与海豚的速度比起来要慢得
duō zhè yì jiǎ shè bèi tuī fān le jǐn guǎn rú cǐ rén men réng rán
多。这一假设被推翻了。尽管如此，人们仍然
jué de hǎi tún de yóu sù yǔ qí pí fū yǒu guān yīn wèi hǎi tún de pí
觉得海豚的游速与其皮肤有关。因为海豚的皮
fū hěn tè bié guāng hua ér fù yǒu tán xìng tóng shí tā hái bù zhān
肤很特别，光滑而富有弹性，同时它还不沾
shuǐ yǒu rén fēn xī tā nà guāng hua de pí fū kě néng huì fēn mì
水。有人分析，它那光滑的皮肤可能会分泌

一种润滑物质，用来减少水中的阻力。这一假说也被推翻了，因为经研究发现，海豚没有皮脂腺，无从分泌润滑物。

格雷怪论的证实

科学家们进一步研究发现，海豚的皮肤分上下两层，上层也就是外层，弹性很强；下层也就是内层，也有很好的弹性。上层的皮肤在受到水的压力时，会根据水压的程度而变得凹凸不平，形成很多小坑，把水存进

来，这样，在身体的周围就形成了一层“水罩”。而当海豚进入高速运行状态的时候，身体振动所引起的紊流，就会在皮肤的凹凸变化中得到调整，这样就能大大减少阻力。

有人根据这种说法，研制了人造海豚皮，把它贴在鱼雷模型上，结果相当令人满意，其受阻情况比普通模型减少了60%。

可以说问题至此有了极大的进展，但人造海豚皮还不能令鱼雷模型达到让人满意的高速度。它与真的海豚皮差在哪里呢？这还是一个尚待破解的谜。

海豚的声呐

所谓声呐，原意为声音导航和测距，是利用水下声音来探测水中目标及其状态的仪器或技术。常用来搜索潜艇、测量水深、探测鱼群，是航海中不可缺少的导航设备。

这项技术是本世纪才发明的。但这种人造声呐技术与海豚一比，就显得相形见绌。

有人曾做过这样的实验，在水池里插上

gēn jīn shǔ bàng měi pái gēn rán hòu bǎ hǎi tún fàng jìn qu
36根金属棒，每排6根，然后把海豚放进去。
zhǐ jiàn hǎi tún zài bàng zhōng jiān yóu lái yóu qù ér jué bú huì pèng dào
只见海豚在棒中间游来游去，而绝不会碰到
jīn shǔ bàng jí shǐ bǎ tā de yǎn jing méng shàng tā yě zhào yàng chàng
金属棒。即使把它的眼睛蒙上，它也照样畅
yóu wú zǔ rú guǒ tōu tōu de zài shuǐ chí li fàng jìn yì tiáo xiǎo yú
游无阻。如果偷偷地在水池里放进一条小鱼，
tā jiù huì lì kè yóu guò qù jìn xíng bǔ zhuō
它就会立刻游过去进行捕捉。

rén men fā xiàn hǎi tún zài bǔ shí shí huì fā chū yí xì liè
人们发现，海豚在捕食时，会发出一系列
tàn cè xìn hào yóu yú yǒu le zhè zhǒng xìn hào tā kě yǐ zài jǐ
探测信号。由于有了这种信号，它可以在几
zhǒng yú dōu cún zài de qíng kuàng xià zhǔn què de bǔ zhuō dào tā zuì xǐ
种鱼都存在的情况下，准确地捕捉到它最喜
huan chī de yú
欢吃的鱼。

hǎi tún zhī jiān de jiāo liú
海豚之间的交流

hǎi tún zhī jiān hái yǒu yì zhǒng dú tè de jiāo liú fāng shì bǐ
海豚之间还有一种独特的交流方式。比
rú bǎ yí duì cháng qī shēng huó zài yì qǐ de hǎi tún fēn kāi zài liǎng
如把一对长期生活在一起的海豚，分开在两
gè shuǐ chí li xiāng hù wú fǎ jiē jìn hé kàn jiàn
个水池里，相互无法接近和看见。

rán hòu zài yòng yì gēn diàn huà xiàn bǎ liǎng gè shuǐ chí lián qi
然后，再用一根电话线把两个水池连起
lai zhǐ yào diàn lù yì tōng rén men jiù huì jīng qí de fā xiàn liǎng
来，只要电路一通，人们就会惊奇地发现，两
zhī hǎi tún jìng rán yòng yì zhǒng tè shū de shēng yīn jiāo tán qi lai rú
只海豚竟然用一种特殊的声音交谈起来。如
guǒ diàn lù yì guān tā men jiù zhōng zhǐ le tán huà
果电路一关，它们就中止了谈话。

jí shǐ bǎ liǎng zhī hǎi tún fēn gé zài yáo yuǎn de tài píng yáng
即使把两只海豚，分隔在遥远的太平洋
hé dà xī yáng tā men yě huì tōng guò diàn lù jìn xíng tán huà yǒu rén
和大西洋，它们也会通过电路进行谈话。有人

还把海豚娃娃的声音录下来，放给海豚妈妈听。当海豚妈妈听到之后，显得很焦躁，四处寻找它的孩子。海豚还可以用这种声音向同伴发出警报。

海豚发声的疑惑

海豚的这种奇妙的声呐系统，引起了科学家们的兴趣，人类试图揭开这一秘密。

首先让人们感到奇怪的是，海豚没有声带，为什么会发出音域极宽的声音呢？

有人认为，海豚主要是靠跟喷气孔相通的鼻囊系统发声的。可是如果说它在水上用鼻孔发声还说得过去，那么它在水下发声又怎样解释呢？

yīn wèi tā qián rù shuǐ xià de shí hou bí kǒng jiù huì bì hé
因为它潜入水下的时候，鼻孔就会闭合，
kě tā réng rán kě yǐ fā chū shēng yīn lái
可它仍然可以发出声音来。

kē xué jiā men yòu fā xiàn zài hǎi tún de nǎo mén shang yǒu
科学家们又发现，在海豚的脑门上，有
yí kuài yuán yuán de xiàng xī guā yí yàng de zǔ zhī dà gài shì zhè kuài
一块圆圆的像西瓜一样的组织，大概是这块
zǔ zhī qǐ dào le shēng tòu jìng de zuò yòng shēng yīn jiù shì cóng zhè li
组织起到了声透镜的作用，声音就是从这里
jù jiāo chéng shēng shù xiàng shuǐ zhōng fā shè de
聚焦成声束向水中发射的。

yǒu rén bù tóng yì shàng shù shuō fa yīn wèi tā men fā xiàn
有人不同意上述说法，因为他们发现，
hǎi tún suī rán méi yǒu shēng dài què yǒu fā dá de hóu tóu dāng tā
海豚虽然没有声带，却有发达的喉头，当它
tūn yān shí wù shí fā shēng jiù huì tíng zhǐ tā men rèn wéi hǎi
吞咽食物时，发声就会停止。他们认为，海
tún de shēng yīn dà gài shì cóng hóu tóu fa chū de
豚的声音大概是从喉头发出的。

hǎi tún yǒu tàn cè néng lì
海豚有探测能力

rén men hái fā xiàn hǎi tún yǒu hěn qiáng de chāo shēng bō tàn cè
人们还发现，海豚有很强的超声波探测
néng lì jí shǐ bǎ tā yǎn jing gěi méng shàng tā yě néng zhǎo dào mù
能力，即使把它眼睛给蒙上，它也能找到目
biāo zhè zhǒng néng lì cóng hé ér lái ne
标。这种能力从何而来呢？

yǒu rén rèn wéi hǎi tún de wài ěr yǐ jīng tuì huà qǐ bu dào
有人认为，海豚的外耳已经退化，起不到
ěr duo de zuò yòng qí shēng yīn shì tōng guò xià gé de zhī fáng chuán dào
耳朵的作用，其声音是通过下颌的脂肪传到
nèi ěr de duì zhè zhǒng shuō fa yǒu rén biǎo shì fǎn duì tā men kàn
内耳的。对这种说法有人表示反对，他们看
dào hǎi tún de ěr dào zhōng chōng mǎn le shuǐ rèn wéi hǎi shuǐ duì shēng yīn
到海豚的耳道中充满了水，认为海水对声音
yǒu hěn hǎo de chuán dǎo zuò yòng yīn cǐ tā de ěr duo réng rán shì
有很好的传导作用，因此，它的耳朵仍然是
zhǔ yào de tīng jué qì guān
主要的听觉器官。

wéi rào zhe hǎi tún shēng nà wèn tí kē xué jiā men jìn xíng le
围绕着海豚声呐问题，科学家们进行了
gè zhǒng gè yàng de shí yàn dàn wèn tí hái shi méi yǒu dé dào zuì zhōng
各种各样的实验，但问题还是没有得到最终
de jiě jué réng rán shì mí wù chóng chóng
的解决，仍然是迷雾重重。

hǎi tún shuì mián de yán jiū
海豚睡眠的研究

rèn hé dòng wù zài shuì mián shí dōu yǒu yí dìng de zī shì
任何动物在睡眠时，都有一定的姿势，
shǐ quán shēn jī ròu wán quán sōng chí xia lai kě hǎi tún què cóng méi yǒu
使全身肌肉完全松弛下来。可海豚却从没有

chū xiàn guò zhè zhǒng zhuàng kuàng nán dào hǎi tún bú shuì jiào ma
出现过这种状况，难道海豚不睡觉吗？

měi guó dòng wù xué jiā yuē hàn lǐ lì rèn wéi hǎi tún shì lì
美国动物学家约翰·里利认为，海豚是利
yòng hū xī de duǎn zàn jiàn xì shuì jiào de zhè shí shuì mián bú huì yǒu bèi
用呼吸的短暂间隙睡觉的。这时睡眠不会有被
qiàng shuǐ de wēi xiǎn
呛水的危险。

jīng guò duō cì shí yàn tā hái yì wài de fā xiàn hǎi tún de
经过多次实验，他还意外地发现，海豚的
hū xī yǔ qí shén jīng xì tǒng de zhuàng tài yǒu tè shū de lián xì tā
呼吸与其神经系统的状态有特殊的联系。他
céng gěi hǎi tún zhù shè shì dàng jì liàng de má zuì jì bàn xiǎo shí hòu
曾给海豚注射适当剂量的麻醉剂，半小时后，
hǎi tún de hū xī biàn de yuè lái yuè ruò zuì hòu sǐ le
海豚的呼吸变得越来越弱，最后死了。

wèi shén me huì yǒu zhè zhǒng xiàn xiàng ne
为什么会有这种现象呢？

dòng wù xué jiā men rèn wéi hǎi tún shì zài yǒu yì shí de qíng
动物学家们认为，海豚是在有意识的情
kuàng xià shuì mián de má zuì jì pò huài le hǎi tún de shén jīng xì
况下睡眠的，麻醉剂破坏了海豚的神经系
tǒng shǐ tā men dōu chǔ yú xiū mián zhuàng tài cóng ér zǔ sè le hū
统，使它们都处于休眠状态，从而阻塞了呼
xī de jìn xíng biàn dǎo zhì hǎi tún sǐ wáng
吸的进行，便导致海豚死亡。

hǎi tún shuì mián zhī mí shǐ yán jiū cuī mián shēng lǐ zuò yòng de
海豚睡眠之谜，使研究催眠生理作用的
shēng wù xué jiā chǎn shēng le nóng hòu de xìng qù tā men jiāng wēi diàn
生物学家，产生了浓厚的兴趣。他们将微电
jí chā rù hǎi tún de dà nǎo jì lù nǎo diàn bō biàn huà hái cè dìng
极插入海豚的大脑，记录脑电波变化。还测定

了头部个别肌肉、眼睛和心脏的活动情况，以及呼吸频率。结果得知它们某一边的脑部，会呈现睡眠状态。

即使它们持续游泳，左右两边的脑部却在轮流休息，每隔十几分钟活动状态变换一次，而且很有节奏。正是由于海豚两边脑部的睡眠和觉醒的更替，才能使它维持正常的呼吸和游动。

海豚智力之谜

海豚的智力也是科学家们争论不休的话题。在水族馆里，海豚能够按照训练师的指示，表演各种美妙的跳跃动作，似乎能了解人类所传递的信息，并采取行动。许多人坚信，海豚要比任何一种类人猿都聪明，有人甚至认为它们的智力与人类不相上下。

根据观察野生海豚的行为以及海豚表演杂技时与人类沟通的情形推测，海豚的适应及学习能力都很强；但目前尚无法证明海豚运

用语言或符号进行抽象式的思考。

不过，即使没有科学上的确凿证据，也不能就此认为海豚没有抽象思考能力。倘若海豚真的具有抽象思考能力，那么它究竟是如何运用这种能力？而其程度又是如何？

这些问题都是很有意思的。但现在想找出这些问题的答案并不容易，因为即使是人类所拥有的智慧，也还有许多未知之处。

虽然海豚与人一样都属于哺乳动物，但因生活的环境不同，相互接触的机会不多，所以，人类对于海豚潜在能力的了解是非常有限的。看来，海豚之谜暂时还无法得到圆满的答案。

海豚竟然当间谍

船员神秘失踪

两艘黑漆漆的潜水艇，静悄悄地卧在大海深处。突然它们的潜水舱被启开了，五六个人影钻了出来。他们全是“黑鲨”特别分队的成员，并且专门负责袭击B国在太平洋的最大军港——金兰湾的特别分队。他们已成功地进行了多次袭击，搅得B国驻金兰湾的司令兰姆上校日夜不得安宁而又束手无策。

zhè cì hé lì cì xíng dòng yí yàng tā men de mù biāo yī rán
这次和历次行动一样，他们的目标依然
shì jīn lán wān jiù zài tā men jiāng yào jiē jìn mù biāo shí tū rán
是金兰湾。就在他们将要接近目标时，突然，
yí gè páng dà de hēi yǐng chū xiàn zài tā men miàn qián méi děng tā men
一个庞大的黑影出现在他们面前，没等他们
kàn qīng duì fāng de mú yàng jiù yí gè gè de shī qù le zhī jué wú
看清对方的模样，就一个个地失去了知觉，无
shēng de chén rù le dà hǎi qián tǐng yì zhí děng dào tiān kuài liàng shí
声地沉入了大海。潜艇一直等到天快亮时，
cái bù de bù lí kāi zhè piàn hǎi yù zhè shì cóng lái méi yǒu guò de
才不得不离开这片海域。这是从来没有过的，
wǔ liù gè hēi shā duì yuán jìng dōu wèi huí quán bù shén mì de shī zōng
五六个黑鲨队员竟都未回，全部神秘地失踪
le jiū jìng zāo dào le shén me yì wài
了，究竟遭到了什么意外？

官员疑惑不解

第二天，两架超高空侦察机，便出现在金兰湾的上空和附近海域。它们拍下的照片被迅速送到了基地指挥官的手中。让他们难以置信的是，他们竟然看到了黑鲨分队成员的踪迹——那是两具漂浮在海上的尸体。究竟发生了什么事呢？基地指挥官百思不得其解。他们只得命令下属的舰队加强警戒，密切

注意金兰湾的动向，搜集一切有价值的情报。

但奇怪的是他们不但没有获得任何情报，还暴露了自己的行踪。那些外出活动的军舰、潜艇经常受到了B国军舰和雷达的监视，就连最为机密的核动力潜艇的燃料数据竟然也泄露了。基地指挥官不得不开始怀疑内部出现了B国的间谍，命令保卫部门严格审查，一定要设法挖出这个可恶的探子。

间谍竟是海豚

此时，B国金兰湾军港司令兰姆上校正喝着杜松子酒，和部下谈笑，还有他的得力助手露茜。正是依靠她的卓越才能，才使兰姆上校成功地实施了“幽灵行动计划”，给了黑鲨特别分队一个措手不及的打击，消除了金兰湾军港的一大隐患。

露茜小姐作为一名优秀驯兽员，她曾教

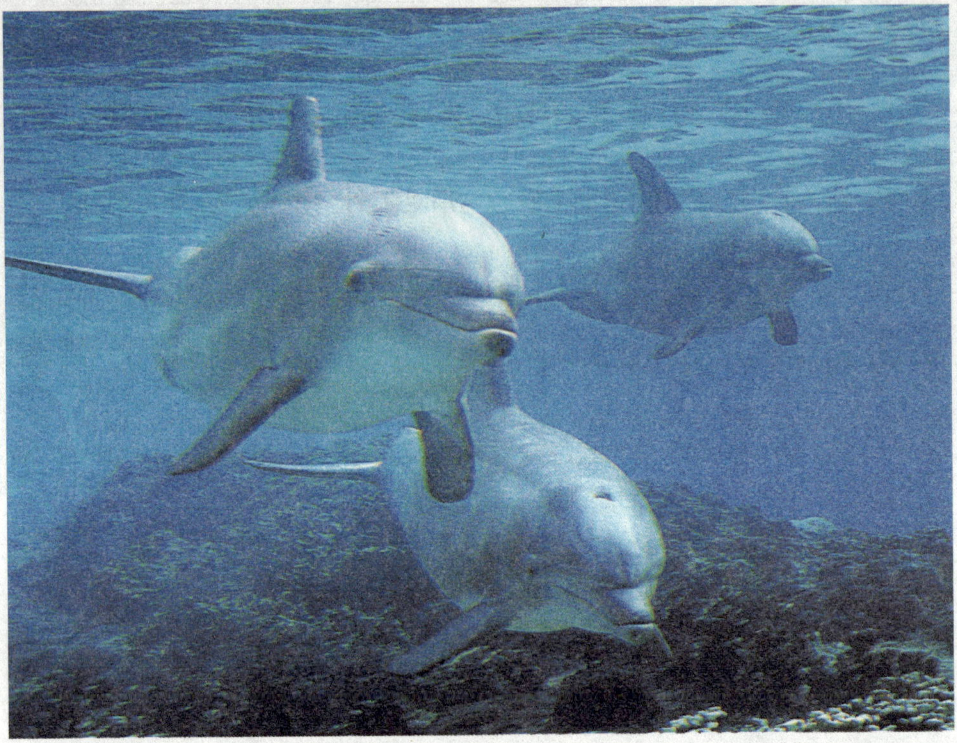

huì le hǎi tún xǔ duō ná shǒu de biǎo yǎn xiàng mù ér zuò wéi jūn shì
会了海豚许多拿手的表演项目，而作为军事
xíng dòng zé shì tóu yì huí tā men biān xùn liàn biān mō suǒ lì yòng hǎi
行动则是头一回。他们边训练边摸索，利用海
tún líng mǐn de zì rán shēng nà hé kuài sù yóu yǒng shù jìn xíng shuǐ xià xún
豚灵敏的自然声呐和快速游泳术进行水下巡
luó hé gé dòu hái xùn liàn tā men bù léi sǎo léi gēn zōng qián shuǐ
逻和格斗，还训练它们布雷、扫雷、跟踪潜水
tǐng děng gè zhǒng běn lǐng jīng guò jǐ gè yuè de nǔ lì tā men zhōng
艇等各种本领。经过几个月的努力，他们终
yú huò dé chéng gōng lán mǔ shàng xiào kāi shǐ shí shī tā de yōu líng
于获得成功，兰姆上校开始实施他的“幽灵
jì huá
计划”。

计划实施过程

海豚们穿着特制的装甲，鳍肢和口鼻上装着锋利的尖刀。这样，即使潜水员掏出必备的防鲨枪和刀也无能为力了。海豚闪电一般地冲向那些黑鲨队员，用锋利的尖刀割断了他们的供气软管和面罩，有的则直接刺向他们身体的要害。

不一会儿工夫，那些黑鲨队员们便无一

逃脱厄运。第二天，“幽灵”继续行动，跟踪那些出来寻找黑鲨队员的军舰。一头海豚甚至将一个微型探测仪，吸附到了核潜艇的底部。结果当驯兽员把它取回来之后，兰姆上校便得到了核潜艇的动力数据，这是个极有价值的情报。

兰姆上校指挥自己的海空力量，对黑鲨进行严密监视，从而确保了金兰湾军港的安全。而此时，对方还正在大规模地清查间谍，他们哪里知道，间谍此时正活跃在海底。

yú lèi de yī shēng qīng jié yú
鱼类的医生 清洁鱼

gěi yú zhì bìng de "yī shēng"
给鱼治病的"医生"

shēng huó zài hǎi yáng lǐ de yú hé rén yí yàng, bú duàn de shòu
生活在海洋里的鱼和人一样，不断地受
dào xì jūn děng wēi shēng wù hé jì shēng chóng de qīn xí. zhè xiē lìng rén
到细菌等微生物和寄生虫的侵袭。这些令人
tǎo yàn de xiǎo dōng xi nián fù zài yú lín、sāi、qí děng bù wèi, jiù
讨厌的小东西黏附在鱼鳞、鳃、鳍等部位，就
huì shǐ yú rǎn shàng jí bìng; tóng shí, yú zhī jiān yě zài bú duàn fā
会使鱼染上疾病；同时，鱼之间也在不断发

dòng zhàn zhēng yí dàn shòu le shāng yě xū yào zhì liáo nà me yǒu
动战争，一旦受了伤，也需要治疗。那么有
shuí huì gěi tā men zhì bìng ma
谁会给它们治病吗？

yǒu nà jiù shì qīng jié yú yú yì shēng le bìng tā men
有，那就是清洁鱼。鱼一生了病，它们
jiù qù zhǎo qīng jié yú
就去找清洁鱼。

qīng jié yú gěi yú zhì bìng jì bù dǎ zhēn yě bù chī yào
清洁鱼给鱼治病，既不打针，也不吃药，
ér shì yòng tā nà jiān jiān de zuǐ ba qīng chú bìng yú shēn shang de xì jūn
而是用它那尖尖的嘴巴清除病鱼身上的细菌
huò huài sǐ de xì bāo yóu yú tā men jīng cháng zài qí tā yú lèi tǐ
或坏死的细胞。由于它们经常在其他鱼类体
biǎo huò kǒu qiāng sāi qiāng lǐ zhuó shí jì shēng chóng hé nián yè wèi qí
表或口腔、腮腔里啄食寄生虫和黏液，为其
tā yú lèi chú chóng zhì bìng gù dé míng yī shēng yú
他鱼类除虫治病，故得名“医生鱼”。

bú guò tā zài gěi yú zhì
不过它在给鱼治
bìng de shí hou duì bìng yú yě
病的时候，对病鱼也
yǒu hěn yán gé de yāo qiú yāo
有很严格的要求，要
qiú tā men bì xū tóu cháo xià
求它们必须头朝下，
wěi ba cháo shàng bǐ zhí de lì
尾巴朝上，笔直地立
zài tā miàn qián fǒu zé tā jiù
在它面前，否则它就
bù gěi zhì liáo
不给治疗。

假如鱼得病位置是在喉咙，那么，病鱼就必须乖乖地张开嘴巴，让医生进去清除。经过它们的治疗，病鱼几天内就会痊愈，真可谓“妙手回春，嘴到病除”。

由于“医生鱼”使其他鱼类保持身体健康和舒适，所以鱼类永不伤害和捕食“医生鱼”，以此作为报酬。就连平时凶恶异常的鲨鱼，高大威猛的龙趸，牙尖嘴利的裸胸鳝，见到“医生鱼”游来，都会显得特别温顺，任由医生鱼进入自己的口腔或腮腔里清污，不会把“医生鱼”吃掉。

“医生鱼”的种类

“医生鱼”有两种，一种叫“裂唇鱼”，体型只有一般人的手指长，嘴长牙尖，多半在珊瑚礁、岩石旁，为体型大的鱼清除伤口细菌、寄生虫等达到为鱼治病的目的，因此在海洋中很受大型鱼的欢迎。

裂唇鱼幼鱼为黑色而带有蓝带，长大后变为黄色而有黑带。每个珊瑚礁区都有几条

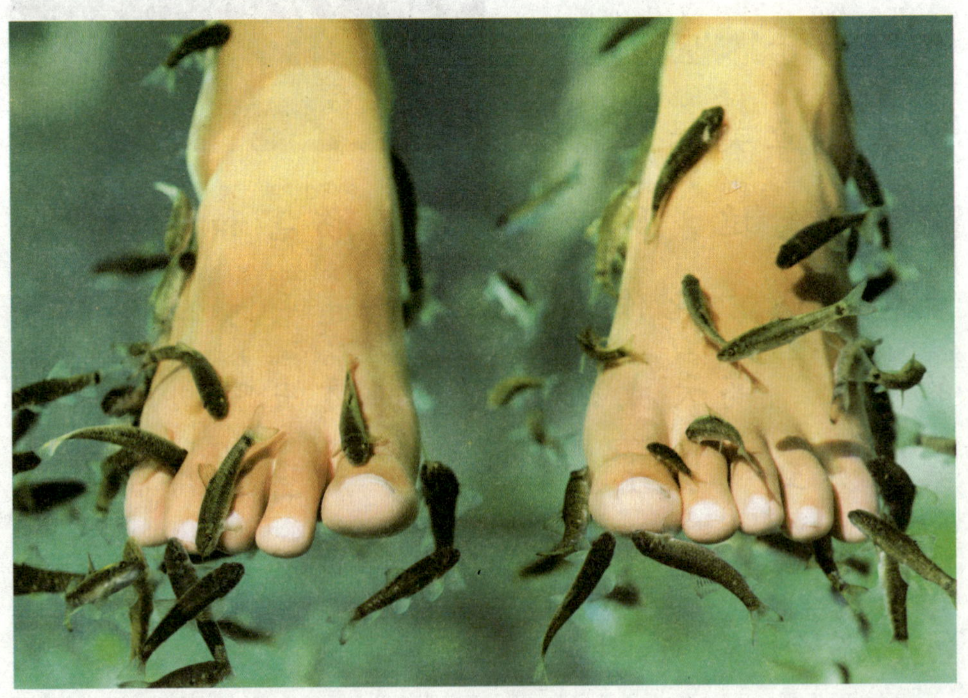

此鱼负责该地区其它鱼的看病工作。夜间栖息岩间小洞，会吐粘液把身体裹住。

另一种叫温泉鱼，又名星子鱼，原产于土耳其，是一种有灵性的热带鱼，喜欢啄食人体皮肤代谢物。

此鱼属于热带鱼类，主要分布于中东地区。一般生存在18℃～43℃的温泉水、加热水、半咸淡水和高温水中。

当你进入温泉后，温泉鱼灵巧的小嘴会“亲吻”你的肌肤，不但能够清洁肌肤，还能有一种妙不可言的感觉，这就是久负盛名的“土耳其鱼疗”。

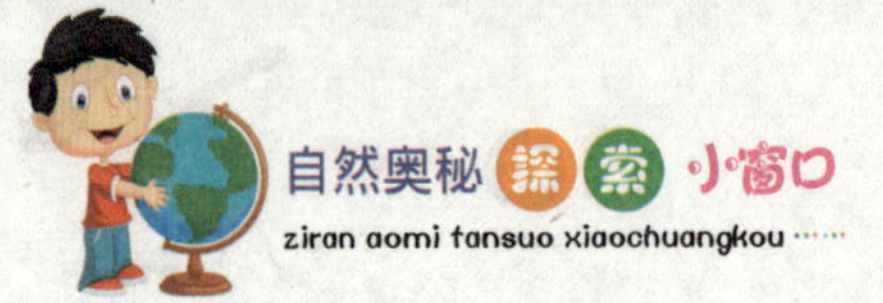

名不符实的八目鳗

míng bù fú shí de bā mù mán

八目鳗的身体构造

bā mù mán de shēn tǐ gòu zào

八目鳗长得与海鳗十分相似，身体圆长而且灵巧，它与海鳗不同的是，在它头部后面两侧，各生有7个鳃孔，这7个鳃孔与眼睛排

bā mù mán zhǎng de yǔ hǎi mán shí fēn xiāng sì， shēn tǐ yuán cháng ér qiě líng qiǎo， tā yǔ hǎi mán bù tóng de shì， zài tā tóu bù hòu miàn liǎng cè， gè shēng yǒu 7 gè sāi kǒng， zhè 7 gè sāi kǒng yǔ yǎn jing pái

列在一起，就像8对眼睛，所以叫八目鳗。

八目鳗，又名七鳃鳗，外形与蛇、黄鳝相似，腹面有陷入呈漏斗状的吸盘，张开时呈圆形，周围边缘的皱皮上有许多细软的乳状突起。

八目鳗的口在漏斗的底部，口的两侧有许多黄色角质齿，口内有肉质呈活塞形的舌，舌上有角质齿。

八目鳗鱼是一种能分泌滑腻黏液的海鳗，通常能长至40厘米至80厘米。它们生活在1300米深的海底淤泥里，只露出头部。

zhè zhǒng mán yú de zuǐ li
这种鳗鱼的嘴里
zhǐ yǒu yí gè yá chǐ ér shé tou
只有一个牙齿，而舌头
shang què zhǎng zhe yì xiē xiàng yá chǐ yí
上却长着一些像牙齿一
yàng de yuán pán tā yǒu yì zhǒng lìng
样的圆盘。它有一种令
rén ě xin de yǐn shí xí guàn
人恶心的饮食习惯——
zhī chī sǐ diào de hé chuí sǐ de hǎi yáng
只吃死掉的和垂死的海洋
dòng wù ér qiě jìn shí fāng
动物，而且进食方
shì shí fēn dú tè
式十分独特。

tā zài chī shi shí xiān yòng nà kē dú yá zài dòng wù shī tǐ
它在吃食时，先用那颗独牙在动物尸体
shang zuān yí gè dòng rán hòu zuān rù dòng wù de nèi bù kāi shǐ chī
上钻一个洞，然后钻入动物的内部开始吃，
xiān chī diào wò chuò de cháng dù zài chī xià bú tài xīn xian de ròu
先吃掉龌龊的肠肚，再吃下不太新鲜的肉，
zuì hòu chī de zhǐ liú xià yí jù bái sēn sēn de shī hái
最后吃得只留下一具白森森的尸骸。

bā mù mán de shēng huó xí xìng
八目鳗的生活习性

bā mù mán yǐ jīng jìn huà chū yì zhǒng jù yǒu lèi sì xī xuè gōng
八目鳗已经进化出一种具有类似吸血功
néng de diàn dòng xiǎo yuán jù kē xué jiā jiāng zhè zhǒng dòng wù guī
能的“电动小圆锯”。科学家将这种动物归
lèi wéi wú è gāng yú lèi dàn qiān wàn bú yào bèi zhè zhǒng dìng yì suǒ
类为无颚纲鱼类，但千万不要被这种定义所

欺骗。

它们虽然属于无颚纲，但它们有其他的弥补方式，也就是拥有一个大大的、圆形的嘴巴，嘴巴内有一圈锋利的牙齿。当八目鳗用口盘叮住一条鱼时，它就开始紧紧地咬住对方，咬穿皮肉后吸食其中的血液。

八目鳗鱼生活在没有光线的海底，所以视力极差，无法依靠眼力觅食，但它的嗅觉很好，只要有死亡的气味，它能立即察觉到。

八目鳗是一种典型的海、江河洄游性鱼类。它的寿命为7年，幼鱼在江河里生活4年

后，经变态下海，在海里生活两年后又溯江进行产卵洄游。

在洄游途中，常常依赖吸盘状口吸附在与它们同一方向行进的大鱼身上，由其带着前进，并吸食其血。

雄性八目鳗见有雌性八目鳗经过时，会一下子吸住其鳃穴，并勒紧雌体。雌性则吸住旁边的岩石。

产卵后，雌性和雄性八目鳗都会死去，它们的幼体被称为“沙隐虫”。

能够爬树的弹涂鱼

弹涂鱼的生活习性

弹涂鱼身体长形，前部略呈圆柱状，后部侧扁。眼睛位于头部的前上方，突出于头顶，两只眼睛距离很近。它腹鳍短并且左右愈合成吸盘状。肌肉发达，因此可跳出水面运动。

弹涂鱼多栖息于沿海的泥滩或咸淡水处，

能在泥、沙滩或岩石上爬行，善于跳跃。平时匍匐在泥滩、泥沙滩上，受惊时借助尾柄弹力迅速跳入水中或钻洞穴居，以逃避敌害。

弹涂鱼在离开水去远行的时候，先在嘴里含上一口水，以此延长它在陆地上停留的时间。因为嘴里的这口水可以帮助它呼吸，就像潜水员身上背的氧气罐，而弹涂鱼的“氧气罐”就是充满了水的嘴。

弹涂鱼的腹鳍演化出吸盘，这可以帮助它

wěn gù de tíng liú zài zì jǐ de wèi zhì shàng
稳固地停留在自己的位置上。
jiān qiáng yǒu lì de fù qí zhī chēng zhe shēn
坚强有力的腹鳍支撑着身
tǐ ér yǎn biàn de hěn hǎo de xiōng
体，而演变的很好的胸
qí jī ròu zé bǎ shēn tǐ xiàng qián
鳍肌肉则把身体向前
lā zhè yàng tán tú yú jiù kě yǐ
拉，这样弹涂鱼就可以
zài lù dì yí dòng le
在陆地移动了。

tán tú yú bǎ qí dàng chéng jiǎng
弹涂鱼把鳍当成桨，
xiàng zài hǎi zhōng huá shuǐ yí yàng zài nì shang xíng
像在海中划水一样在泥上行
zǒu bú guò tán tú yú hái shi wán quán yī lài hǎi
走。不过，弹涂鱼还是完全依赖海
shuǐ lái huò dé wéi chí shēng mìng de yǎng qì dāng tā zhāng
水来获得维持生命的氧气。当它张
kāi zuǐ jìn shí de shí hou kǒu zhōng wéi chí shēng mìng de hán yǎng de shuǐ
开嘴进食的时候，口中维持生命的含氧的水
mǎ shàng huì liú chu lai suǒ yǐ tā bì xū lì jí bǔ chōng shuǐ fǒu
马上会流出来，所以它必须立即补充水，否
zé jiù huì zhì xī
则就会窒息。

tán tú yú shì liǎng qī yú lèi
弹涂鱼是两栖鱼类

yóu yú qiǎn tān shang de shuǐ yǒu kě néng gàn hé suǒ yǐ zài ní
由于浅滩上的水有可能干涸，所以在泥
tǔ hái shi shī de shí hou tán tú yú jiù gěi zì jǐ wā le gè dòng
土还是湿的时候，弹涂鱼就给自己挖了个洞，

dāng yǎn bì suǒ shǐ yòng　zhè ge dòng yì zhí wā zhì shuǐ xiàn yǐ xià　zhè
当掩蔽所使用。这个洞一直挖至水线以下，这
yàng jí shǐ shì zài gān hàn de tiān qì　tán tú yú hái shi kě yǐ dé dào
样即使是在干旱的天气，弹涂鱼还是可以得到
hǎi shuǐ　gōng tā hū xī zhī yòng　ní dòng chéng le tán tú yú de lǐ
海水，供它呼吸之用。泥洞成了弹涂鱼的理
xiǎng jiā yuán　tā zài zhè li yǎng yù hòu dài　ní dòng gěi xiǎo yú tí
想家园，它在这里养育后代。泥洞给小鱼提
gōng le bì xū de shuǐ yuán tiáo jiàn　děng xiǎo yú zhǎng dà yǐ hòu　jiù
供了必需的水源条件，等小鱼长大以后，就
kě yǐ zuǐ zhōng hán kǒu shuǐ dào lù dì shang tàn xiǎn
可以嘴中含口水到陆地上探险。

tán tú yú yǒu sāi　shì zhēn zhèng de yú　dàn tā què cháng qī
弹涂鱼有鳃，是真正的鱼，但它却长期
jū zhù zài lù dì shang　chéng wéi zuì chū de liǎng qī dòng wù　jǐn guǎn
居住在陆地上，成为最初的两栖动物。尽管
tán tú yú xǐ huan zài liè rì xià pǎo lái pǎo qù　dàn tā men zhōng jiū
弹涂鱼喜欢在烈日下跑来跑去，但它们终究
shì yú　suǒ yǐ bì xū suí shí shǐ shēn tǐ bǎo chí shī rùn　fǒu zé jiù
是鱼，所以必须随时使身体保持湿润，否则就

会死亡。

它们虽然居住在陆地上，但其身体结构变动很少，因此必须定时把身体浸在水中。仅仅在嘴里含口水来吸取氧气是不够的，弹涂鱼要经常保持身体的湿润以防止危险的脱水现象。因此弹涂鱼的所有活动都是在水塘周围进行的。

xǐ huan chàng gē de bái jīng
喜欢唱歌的白鲸

hǎi zhōng jīn sī què bái jīng
“海中金丝雀”白鲸

bái jīng shì yì zhǒng shēng huó yú běi jí dì qū hǎi yù de jīng lèi
白鲸是一种生活于北极地区海域的鲸类
dòng wù tōng tǐ xuě bái shēng xìng wēn hé xiàn cún shù liàng yuē
动物，通体雪白，生性温和，现存数量约10
wàn tóu shí fēn zhēn xī bái jīng shǔ dà xíng jīng lèi de yì zhǒng yǐ
万头，十分珍稀。白鲸属大型鲸类的一种，以

xīn xian yú xiā wéi shí yóu
新鲜鱼虾为食。由
yú shēng huó zài bīng xuě fù gài
于生活在冰雪覆盖
de běi jí suǒ yǐ jié bái
的北极，所以洁白
wú xiá de fū sè chéng wéi tā
无瑕的肤色成为它
de tiān rán bǎo hù sè
的天然保护色。

bái jīng yǐ duō biàn huà
白鲸以多变化
de jiào shēng hé fēng fù de liǎn
的叫声和丰富的脸
bù biǎo qíng ér wén míng zǎo
部表情而闻名，早
qī bèi chēng zhī wéi hǎi zhōng jīn sī què
期被称之为“海中金丝雀”。

tā men de huó lì yǔ shì yìng lì tè shū de wài mào yì shòu
它们的活力与适应力、特殊的外貌、易受
xī yǐn de tiān xìng yǐ jí kě jiē shòu xùn liàn děng yīn sù shǐ qí chéng
吸引的天性以及可接受训练等因素，使其成
wéi hǎi yáng shì jiè de míng xīng
为海洋世界的明星。

bái jīng de jué jì
白鲸的“绝技”

bái jīng shì jīng lèi wáng guó zhōng zuì yōu xiù de kǒu jì zhuān
白鲸是鲸类王国中最优秀的“口技”专
jiā tā men néng fā chū jǐ bǎi zhǒng shēng yīn ér qiě fā chū de shēng
家，它们能发出几百种声音，而且发出的声
yīn biàn huà duō duān néng fā chū měng shòu de hǒu shēng niú de mōu
音变化多端，能发出猛兽的吼声、牛的“哞

哞”声、猪的呼噜声、马嘶声、鸟儿的“吱吱”声、女人的尖叫声、病人的呻吟声、婴孩哭泣声等，简直五花八门，无奇不有。

白鲸不停地“歌唱”，实际上是在自娱自乐，同时也是同伴之间的一种语言交流。

白鲸还可以借助各种“玩具”嬉耍游玩，一根木头、一片海草、一块石头都可以成为它们的游戏对象。

tā men kě yǐ dǐng zhe yì tiáo cháng cháng de hǎi zǎo yí huìr
它们可以顶着一条长长的海藻，一会儿
qián yǒng yí huìr fú shēng zuǐ li bù tíng de fā chū huān kuài de
潜泳，一会儿浮升，嘴里不停地发出欢快的
shēng yīn
声音。

yǒu shí tā men mí shàng le yí kuài xiàng pén zi dà xiǎo de shí
有时它们迷上了一块像盆子大小的石
tou xiān shì yòng zuǐ gǒng fān shí tou wán jiē zhe bǎ shí tou xián zài zuǐ
头，先是用嘴拱翻石头玩，接着把石头衔在嘴
li yuè chū shuǐ miàn gèng jiào jué de shì tā men huì bǎ shí tou dǐng zài tóu
里跃出水面，更叫绝的是它们会把石头顶在头
shang xiàng zá jì yǎn yuán nà yàng zài shuǐ miàn shang biǎo yǎn
上像杂技演员那样在水面上表演。

bái jīng bù jǐn tǐ tài yōu yǎ yě fēi cháng ài gān jìng xǔ
白鲸不仅体态优雅，也非常爱干净。许

多白鲸刚游到河口三角洲时，全身会附着许多寄生虫，外表和体色也显得十分肮脏，这使他们自己感觉极不舒服。

这时它们会纷纷潜入水底，在河底下打滚，不停地翻身。还有一些白鲸则在三角洲和浅水滩的砂砾或砾石上擦身。

它们天天这样不停地翻身，一天长达几个小时。几天以后，白鲸身上的老皮肤全部蜕掉，换上了白色的整洁漂亮的新皮肤，通体颜色焕然一新，非常美丽。

bǐ mù yú de míng zì yóu lái
比目鱼的名字由来

bǐ mù yú de shēn tǐ jié gòu
比目鱼的身体结构

bǐ mù yú shì liǎng zhī yǎn jing zhǎng zài yì biān de qí guài yú
比目鱼是两只眼睛长在一边的奇怪鱼，
bèi rèn wéi xū yào liǎng yú bìng jiān ér xíng gù míng bǐ mù yú tā shì
被认为需要两鱼并肩而行，故名比目鱼。它是
hǎi shuǐ yú zhōng de yí dà lèi wéi dǐ céng hǎi yú lèi qí fēn bù
海水鱼中的一大类，为底层海鱼类，其分布
yǔ huán jìng rú hǎi liú shuǐ hé shuǐ wēn děng yīn sù yǒu mì qiè de
与环境，如海流、水和水温等因素有密切的
guān xi
关系。

cóng luǎn mó zhōng gāng fū huà chu lai de bǐ mù yú yòu tǐ
从卵膜中刚孵化出来的比目鱼幼体，
wán quán bú xiàng fù mǔ ér shì gēn pǔ tōng yú lèi de yàng zi hěn xiāng
完全不像父母，而是跟普通鱼类的样子很相
sì yǎn jing zhǎng zài tóu bù liǎng cè měi cè gè yí gè duì chèn
似。眼睛长在头部两侧，每侧各一个，对称
shēng zhǎng
生长。

tā men shēng huó zài shuǐ de shàng céng cháng cháng zài shuǐ miàn fù
它们生活在水的上层，常常在水面附
jìn yóu yì dà yuē jīng guò duō tiān bǐ mù yú yòu tǐ xíng tài kāi
近游弋。大约经过20多天，比目鱼幼体形态开
shǐ biàn huà
始变化。

dāng bǐ mù yú de yòu tǐ zhǎng dào yì lí mǐ shí qí guài de
当比目鱼的幼体长到一厘米时，奇怪的

事情发生了。比目鱼一侧的眼睛开始搬家，它通过头的上缘逐渐移动到对面的一边，直至跟另一只眼睛接近时，才停止移动。

不同种类的比目鱼眼睛搬家的方法和路线有所不同。比目鱼的头骨是软骨构成的，当比目鱼的眼睛开始移动时，比目鱼两眼间的软骨先被身体吸收。这样，眼睛的移动就没有障碍了。

比目鱼眼睛移动时，它的体内构造和器官也发生了变化，渐渐不适应漂浮生活，只好横卧海底。

比目鱼的隐身术

在危机四伏的海底世界里面，比目鱼是形形色色的捕食者的目标。为躲避天敌的进攻，比目鱼练就了一身高超的隐身术，这种隐身术便是比目鱼的肤色有可变化的保护色。

比目鱼能根据环境的变化而迅速改变体色。科学家们曾做过试验，把水族箱背景染成白、黑、灰、褐、蓝、绿、粉红和黄色等不同颜色，发现，比目鱼在通过不同的色彩背景时，能迅速变成同背景一致的颜色。

这是因为在比目鱼的皮肤内，有大量色素细胞。每个色素细胞内，又分布着许多细微的色素输送导管。

当比目鱼的眼睛观察出周围环境色彩的变化时，它的体内便能产生与环境相一致的色素，通过导管扩散或聚集，魔术般地变化出与环境色彩一模一样的色彩和斑纹。

niǎo huì fēi de yuán yīn
鸟会飞的原因

niǎo lèi de shēn tǐ jié gòu
鸟类的身体结构

niǎo lèi shì yì zhǒng qí guài de dòng wù yīn wèi tā men huì
鸟类是一种奇怪的动物，因为它们会
fēi niǎo shì cóng pá xíng dòng wù jìn huà ér lái de lín piàn biàn chéng
飞。鸟是从爬行动物进化而来的，鳞片变成
le yǔ máo yǔ máo bù jǐn kě yǐ bǎo wēn hái néng shǐ niǎo shēn tǐ de
了羽毛，羽毛不仅可以保温，还能使鸟身体的
wài xíng chéng wéi liú xiàn xíng zài kōng qì zhōng yùn dòng shí shòu dào de zǔ
外形成为流线型，在空气中运动时受到的阻

lì biàn xiǎo yǒu lì yú fēi xiáng
力变小，有利于飞翔。

yǔ máo de yí bù fen màn màn biàn dà biàn cháng chéng wéi chì
羽毛的一部分慢慢变大变长，成为翅
bǎng niǎo shàng xià shān dòng chì bǎng chǎn shēng le shàng shēng lì hé tuī
膀，鸟上下扇动翅膀，产生了上升力和推
jìn lì jiù kě yǐ zài kōng zhōng rèn yì fēi xiáng le
进力，就可以在空中任意飞翔了。

kào shān dòng chì bǎng chǎn shēng de shàng shēng lì shì yǒu xiàn de
靠扇动翅膀产生的上升力是有限的，
suǒ yǐ niǎo lèi hái yào jǐn liàng shǐ zì jǐ de shēn tǐ biàn qīng yīn cǐ
所以鸟类还要尽量使自己的身体变轻。因此，
suǒ yǒu de niǎo zuǐ li dōu bù zhǎng yá chǐ gǔ gé biàn de jiān bó ér
所有的鸟嘴里都不长牙齿，骨骼变得坚薄而
qīng gǔ tou shì kōng xīn de lǐ miàn chōng yǒu kòng qì
轻，骨头是空心的，里面充有空气。

jiě pōu niǎo de shēn tǐ gǔ gé hái kě yǐ kān chū niǎo de tóu
解剖鸟的身体骨骼还可以看出，鸟的头

gǔ shì yí gè wán zhěng de gǔ
骨是一个完整的骨
piàn shēn tǐ gè bù wèi de gǔ
片，身体各部位的骨
zhuī yě xiāng hù yù hé zài yì
椎也相互愈合在一
qǐ lèi gǔ shang yǒu gōu zhuàng
起，肋骨上有钩状
tū qǐ hù xiāng gōu jiē
突起，互相钩接，
xíng chéng qiáng gù de xiōng kuò
形成强固的胸廓，
niǎo lèi gǔ gé de zhè xiē dú tè
鸟类骨骼的这些独特
de jié gòu jiǎn qīng le shēn tǐ
的结构，减轻了身体
zhòng liàng jiā qiáng le zhī chí
重量，加强了支持
fēi xiáng de néng lì
飞翔的能力。

niǎo de xiōng bù jī ròu
鸟的胸部肌肉
fēi cháng fā dá hái yǒu yí
非常发达，还有一
tào dú tè de hū xī xì tǒng
套独特的呼吸系统，
yǔ fēi xiáng shēng huó xiāng shì
与飞翔生活相适
yìng niǎo lèi de fèi shí xīn ér
应。鸟类的肺实心而
chéng hǎi mián zhuàng hái lián yǒu
呈海绵状，还连有

9个带薄壁的气孔。在飞翔中，鸟由鼻孔吸收空气后，一部分用来在肺里直接进行碳氧交换，另一部分是存入氧气，然后再经肺而排出，使鸟类在飞翔时，一次吸气，肺部可以完成两次气体交换，这是鸟类特有的“双重呼吸”，保证了鸟在飞翔时的氧气充足。

鸟类为了适应飞翔生活，必须尽量减少自身的重量，它们不能像哺乳类一样在体内孕育幼鸟，到一定时间才生产，那样就势必影响飞翔，会遭到敌害捕杀。所以鸟类只有选择生蛋的方法。

鸟类的飞行翅膀

鸟类的翅膀是它们拥有飞翔绝技的首要条件。在同样拥有翅膀的条件下，有的鸟能飞得很高，很快，很远；有的鸟却只能做盘旋，滑翔；有的鸟则根本不能飞翔。

鸟类的翅膀具有许多特殊功能和结构，使得它们不仅善于飞翔，而且会表演许多飞翔“特技”，这些特技还是目前人类的技术难以达到的。小小的蜂鸟是鸟中的“直升机”，它既可以垂直起落，又可以退着飞翔。在吮吸花蜜时，它不像蜜蜂那样停落在花上，而是悬停于空中。这是多么巧妙的飞翔技巧。制造具有蜂鸟飞翔特性的垂直起落飞机，已经成为许多飞机设计师梦寐以求的愿望。

niǎo er rèn lù de běn lǐng
鸟儿认路的本领

niǎo lèi kào tài yáng biàn bié fāng xiàng
鸟类靠太阳辨别方向

běi jí yàn ōu shì hòu niǎo zhōng qiān fēi lù chéng zuì yuǎn de
北极燕鸥是候鸟中迁飞路程最远的，
měi nián dōu yào cóng běi jí fēi dào nán jí guò dōng xíng chéng chāo guò
每年都要从北极飞到南极过冬，行程超过
qiān mǐ xiàng zhè yàng cháng jù lí fēi xiáng de niǎo er bì
36000千米。像这样长距离飞翔的鸟儿，必
xū suí shí zhī dào zì jǐ de wèi zhì hé fāng xiàng bù rán jiù huì zài fēi
须随时知道自己的位置和方向，不然就会在飞

xiáng tú zhōng mí lù
翔途中迷路。

niǎo er méi yǒu zhǐ nán
鸟儿没有指南
zhēn yě méi yǒu dì tú kě
针，也没有地图，可
shì hěn duō hòu niǎo què nián nián
是很多候鸟却年年
dōu néng fǎn huí jiù cháo
都能返回旧巢
fán zhí xià yí dài
繁殖下一代。

yǒu rén zài qiān xǐ jì jié bǎ liáng niǎo
有人在迁徙季节把椋鸟
fàng zài yuán xíng niǎo lóng lǐ fā xiàn dāng yǒu yáng guāng de shí hou
放在圆形鸟笼里，发现当有阳光的时候，
liáng niǎo huì duì zhe yí gè fāng xiàng bú duàn de pāi chì bǎng jí zhe yào
椋鸟会对着一个方向不断地拍翅膀，急着要
fēi chu qu
飞出去。

tā men yào fēi chu qu de fāng xiàng hé yě wài liáng niǎo qiān yí
它们要飞出去的方向，和野外椋鸟迁移
de fāng xiàng shì xiāng tóng de rú guǒ shì yīn tiān lóng lǐ de liáng niǎo
的方向是相同的。如果是阴天，笼里的椋鸟
jiù méi bàn fǎ biàn bié fāng xiàng le zhè zhèng míng bai tiān fēi xiáng de niǎo
就没办法辨别方向了，这证明白天飞翔的鸟
lèi kào tài yáng biàn bié fāng xiàng
类靠太阳辨别方向。

niǎo lèi biàn bié fāng xiàng de qí tā fāng fǎ
鸟类辨别方向的其他方法

zài tiān qì bù hǎo kàn bu dào tài yáng hé xīng xing de shí hou
在天气不好，看不到太阳和星星的时候，

有人用鸽子做实验，在鸽子身上绑上电池和线圈以产生人工磁场，发现人工磁场会干扰鸽子回家的能力，这证明鸟类能感受到地球的磁场，并且利用磁场来识别飞翔路线。

有人在远离企鹅故乡几百千米以外的地方，将一只只企鹅分别放进洞穴里，然后在上面盖上盖子。

那里一马平川，没有任何标记和特征。然后他们在3个不同位置的观测塔上，观察放企鹅的地方。过了一段时间，企鹅从洞里出来了。

起初，那几只企鹅不知所措地徘徊了一阵，随后就不约而同地把头转

xiàng tā men de gù xiāng suǒ zài de fāng xiàng
向它们的故乡所在的方向。

jīng guò duō cì guān chá kē xué jiā men rèn dìng qǐ é shí tú
经过多次观察，科学家们认定，企鹅识途
yǔ tài yáng yǒu guān ér yǔ zhōu wéi huán jìng wú guān tā men tǐ nèi
与太阳有关，而与周围环境无关。它们体内
de zhǐ nán zhēn shì yǐ tài yáng lái dìng fāng xiàng de
的指南针，是以太阳来定方向的。

hái yǒu rén zuò guò shí yàn tā men bǎ niǎo fàng zài tiān wén guǎn
还有人做过实验。他们把鸟放在天文馆
lǐ bō fàng yè jian de tiān xiàng zhuàng kuàng dāng tiān kōng chū xiàn běi
里，播放夜间的天象状况。当天空出现北
ōu qiū tiān de xīng zuò shí niǎo jiù bǎ tóu zhuǎn xiàng dōng nán dāng chū
欧秋天的星座时，鸟就把头转向东南；当出
xiàn bā ěr gàn tiān kōng de xīng zuò shí niǎo biàn zhuǎn xiàng nán fāng dāng
现巴尔干天空的星座时，鸟便转向南方；当
chū xiàn běi fēi yè kōng shí niǎo biàn cháo zhèng nán fēi kàn lái hòu
出现北非夜空时，鸟便朝正南飞。看来，候
niǎo zài wǎn shang fēi xiáng shì kào zhe xīng chén lái biàn bié fāng xiàng
鸟在晚上飞翔是靠着星辰来辨别方向。

yàn zi qiān xǐ de mì mì
燕子迁徙的秘密

yàn zi de shēng huó xí xìng
燕子的生活习性

yàn zi de zhǒng lèi hěn duō, yǒu jiā yàn、yǔ yàn、jīn yāo yàn、shā yàn děng, wǒ men zhè li shuō de shì jiā yàn, yě shì zuì cháng jiàn de yì zhǒng yàn zi。
燕子的种类很多，有家燕、雨燕、金腰燕、沙燕等，我们这里说的是家燕，也是最常见的一种燕子。

jiā yàn xǐ huan hé rén lèi shēng huó zài yì qǐ, jīng cháng bǎ cháo
家燕喜欢和人类生活在一起，经常把巢

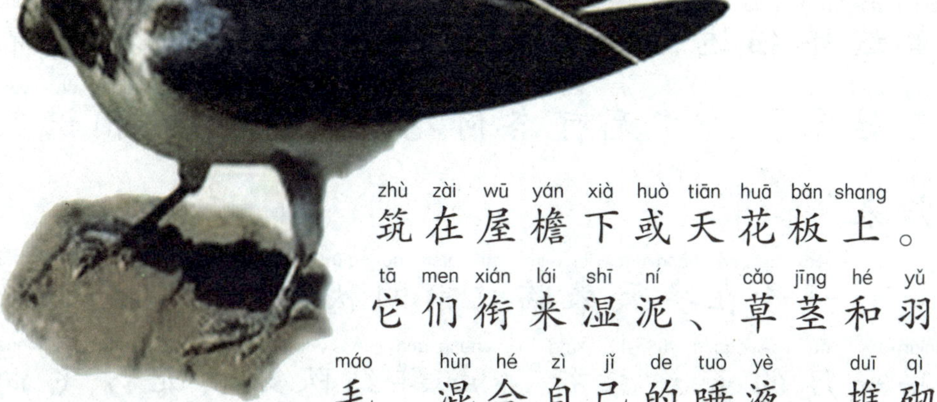

zhù zài wū yán xià huò tiān huā bǎn shang
筑在屋檐下或天花板上。
tā men xián lái shī ní cǎo jīng hé yǔ
它们衔来湿泥、草茎和羽
máo hùn hé zì jǐ de tuò yè duī qì
毛，混合自己的唾液，堆砌
qǐ wǎn xíng de cháo zài lǐ miàn shēng ér yù nǚ
起碗形的巢，在里面生儿育女。

xià tiān běi fāng de kūn chóng hěn duō gāng chū shēng de xiǎo yàn
夏天，北方的昆虫很多，刚出生的小燕
zi shí liàng hěn dà yì tiān dào wǎn zǒng shì zhāng zhe zuǐ tǎo shí chī
子食量很大，一天到晚总是张着嘴讨食吃，
měi tiān chī diào de kūn chóng jī hū děng yú zì jǐ shēn tǐ de zhòng liàng
每天吃掉的昆虫几乎等于自己身体的重量。
zhè kě bǎ tā men de bà ba mā ma lèi huài le tā men chú le yè wǎn
这可把它们的爸爸妈妈累坏了，它们除了夜晚
xiū xi wài zhěng tiān dōu bù tíng de chuān suō zhe fēi xiáng dào chù bǔ
休息外，整天都不停地穿梭着飞翔，到处捕
zhuō kūn chóng jù shuō yì wō yàn zi yì nián néng chī diào wàn zhì
捉昆虫。据说，一窝燕子一年能吃掉50万至
wàn zhī hài chóng suǒ yǐ tā men shì zuì zhù míng de yì niǎo
100万只害虫，所以，它们是最著名的益鸟。

燕子的迁徙规律

早在几千年前，人们就知道燕子秋去春回的迁徙规律。对燕子的迁徙习性，古代的诗人曾这样描述：“昔日王谢堂前燕，飞入寻常百姓家”，“无可奈何花落去，似曾相识燕归来”。

燕子在冬天来临之前的秋季，总要进行每年一度的长途旅行，成群结队地由北方飞向遥远的南方，去那里享受温暖的阳光和湿润的天气，而将严冬的冰霜和凛冽的寒风留给了从不南飞过冬的山

雀、松鸡和雷鸟。

表面上看，是北国冬天的寒冷使得燕子离乡背井去南方过冬，等到春暖花开的时节它们再由南方返回本乡本土生儿育女，安居乐业。果真如此吗？

其实不然。燕子是以昆虫为食的，而且它们从来就习惯于在空中捕食飞虫，而不善于在树缝和地隙中搜寻昆虫食物，也不能像松鸡和雷鸟那样杂食浆果、种子，在冬季改吃树叶。

可是，在北方的冬季是没有飞虫可供燕子捕食的，燕子又不能像啄木鸟和旋木雀那样去发掘潜伏下来的昆虫的幼虫、虫蛹和虫卵。

食物的匮乏使燕子不得不每年都要来一次秋去春来的南北大迁徙，以获得到更为广阔

的生存空间。家燕喜欢在夜里飞翔，并且飞得又高又快，所以我们一般看不到它们迁移。

家燕不肯在南方育雏，因为那里的夏天太热，到了春天就又飞回北方。家燕的记忆力非常惊人，不论迁徙多远，第二年都能回到自己的故居。

zhēn zhèng de qiān lǐ yǎn lǎo yīng
真正的千里眼老鹰

yīng de zhǒng lèi hé xí xìng
鹰的种类和习性

lǎo yīng fàn zhǐ xiǎo xíng zhì zhōng xíng de bái zhòu huó dòng de sǔn xíng
老鹰泛指小型至中型的白昼活动的隼形
lèi niǎo yóu zhǐ yīng shǔ de zhǒng lèi bāo kuò cāng yīng hé què yīng
类鸟，尤指鹰属的种类，包括苍鹰和雀鹰。

lǎo yīng de zhǒng lèi hěn duō quán shì jiè jì yǒu duō zhǒng
老鹰的种类很多，全世界计有190多种，
jué dà duō shù de yīng duì rén lèi lì duō hài shǎo dàn rén men réng pǔ biàn
绝大多数的鹰对人类利多害少，但人们仍普遍
duì zhī bào yǒu piān jiàn
对之抱有偏见。

shí ròu dòng wù lǎo
食肉动物，老
yīng suī ǒu rán bǔ shí jiā qín
鹰虽偶然捕食家禽
hé xiǎo xíng niǎo lèi dàn tōng
和小型鸟类，但通
cháng yǐ xiǎo xíng bǔ rǔ lèi
常以小型哺乳类、
pá chóng lèi hé kūn chóng wéi
爬虫类和昆虫为
shí huì bǔ zhuō lǎo shǔ
食。会捕捉老鼠、

shé yě tù huò xiǎo niǎo dà xíng de yīng kē niǎo lèi rú diāo kě yǐ
蛇、野兔或小鸟。大型的鹰科鸟类，如雕可以
bǔ zhuō shān yáng mián yáng hé xiǎo lù
捕捉山羊、绵羊和小鹿。

lǎo yīng yǒu duō zhǒng mì shí jì néng dàn zhuī bǔ liè wù de zhǔ
老鹰有多种觅食技能，但追捕猎物的主
yào fāng fǎ shì lüè guò huò mǐn jié de zhuī zhú pīn mìng táo pǎo de dòng wù
要方法是掠过或敏捷地追逐拼命逃跑的动物。
yí dàn yòng tā qiáng yǒu lì de zhǎo zhuā zhù liè wù jiù yǐ qí jiān ruì
一旦用它强有力的爪抓住猎物，就以其尖锐
ér qiáng jiàn de huì zhī jiě liè wù
而强健的喙肢解猎物。

lǎo yīng yǒu yí fù qiáng zhuàng
老鹰有一副强壮
de jiǎo hé ruì lì de zhǎo biàn yú
的脚和锐利的爪，便于
bǔ zhuō dòng wù hé sī pò dòng wù de
捕捉动物和撕破动物的
pí ròu
皮肉。

lǎo yīng de huì dà wèi cháng fā
老鹰的喙大，胃肠发
dá xiāo huà néng lì qiáng chī xia qu
达，消化能力强，吃下去
de lǎo shǔ yí huìr gōng fu jiù bèi xiāo
的老鼠，一会儿功夫就被消
huà de jīng guāng
化得精光。

yīng kē niǎo lèi zhōng de tū jiù
鹰科鸟类中的秃鹫，
tǐ xíng dà zhuān shí fǔ ròu tā néng
体型大，专食腐肉，它能

qīng yì fēi yuè hǎi bá mǐ yǐ shàng de shān jǐ shì dòng wù zhōng
轻易飞越海拔7000米以上的山脊，是动物中
de fēi gāo guàn jūn yú yīng tōng cháng zài jiāng shàng kōng pán xuán yí dàn
的飞高冠军。鱼鹰通常在江上空盘旋，一旦
fā xiàn yóu yú tā jiù xiàng lì jiàn shì de zhí chā shuǐ miàn
发现游鱼，它就像利箭似的直插水面。

lǎo yīng de fēi fán shì lì
老鹰的非凡视力

lǎo yīng duō shù zài bái tiān huó dòng jí shǐ tā zài qiān mǐ yǐ
老鹰多数在白天活动，即使它在千米以
shàng de gāo kōng áo xiáng yě néng bǎ dì miàn shang de liè wù kàn dé yī
上的高空翱翔，也能把地面上的猎物看得一
qīng èr chǔ
清二楚。

rén de yǎn jing yào kàn qīng mǐ yǐ wài de xiǎo chóng zi shì yí
人的眼睛要看清20米以外的小虫子是一

件困难的事，但对老鹰来说可十分容易，鹰甚至能看得清100米外的小虫子。

老鹰的视力如此锐利，完全得益于它们发达的视觉系统。

鹰眼视网膜上的锥状细胞特别多，每立方厘米大约有150万个，可是人眼睛里却只有20万个，这也就是说鹰的视力比人的眼力要锐利8倍。

远处有蝗虫时，人的眼睛只能看到很模糊的形象，但一般的鸟却能看得很清楚。

这是因为鸟类视网膜上的中央凹比人类多一个，专门用来看侧面的物体，使视野加宽。

另外，鸟类的眼睛视网膜上有突出的像梳子一样的器官，这种梳状体的作用是使进到眼睛里的影像变得清晰。

人类眼睛的视力没办法和鹰相比较，就是与一般鸟相比，也会自叹不如。老鹰因为眼睛有这几大特点，虽然它没有使用望远镜，也真称得上是千里眼呢！

sēn lín wèi shì zhuó mù niǎo

“森林卫士”啄木鸟

xiāo miè hài chóng de néng shǒu zhuó mù niǎo

消灭害虫的能手啄木鸟

sēn lín li yǒu xǔ duō xiàng tiān niú yí lèi de hài chóng tā men wèi bì kāi rén lèi de shì xiàn jiù pīn mìng de wǎng shù gàn lǐ zuān yǒu de yì zhí zuān dào shù gàn de zhōng xīn bǎ shù mù gěi zhù sǐ rén lèi ná tā men zhēn méi fǎ zi

森林里有许多像天牛一类的害虫，它们为避开人类的视线，就拼命地往树干里钻，有的一直钻到树干的中心，把树木给蛀死，人类拿它们真没法子。

zhuó mù niǎo shì xiāo miè zhè xiē hài chóng de
啄木鸟是消灭这些害虫的
néng shǒu tā zhǎng zhe yòu jiān yòu yìng de cháng
能手，它长着又尖又硬的长
zuǐ xiàng bǎ mù jiang yòng de záo zi jīng cháng
嘴，像把木匠用的凿子，经常
dǔ dǔ de qiāo jī shù gàn tā gēn jù
“笃笃”地敲击树干，它根据
shēng yīn néng pàn duàn chū hài chóng duǒ cáng de wèi
声音能判断出害虫躲藏的位
zhì zhuó mù niǎo néng gòu zài shù gàn hé shù zhī
置。啄木鸟能够在树干和树枝
jiān yǐ jīng rén de sù dù mǐn
间以惊人的速度敏
jié de tiào yuè tā
捷地跳跃。它
men néng gòu láo láo de zhàn lì
们能够牢牢地站立
zài chuí zhí de shù gàn shàng
在垂直的树干上，
zhè yǔ tā men zú de jié gòu
这与它们足的结构
yǒu guān zhuó mù niǎo de zú
有关。啄木鸟的足
shàng yǒu liǎng gè zú zhǐ cháo qián
上有两个足趾朝前，
yí gè cháo xiàng yí cè yí gè cháo
一个朝向一侧，一个朝
hòu zhǐ jiān yǒu fēng lì de zhuǎ zi zhuó
后，趾尖有锋利的爪子。啄
mù niǎo de wěi bù yǔ máo jiān yìng kě yǐ zhī
木鸟的尾部羽毛坚硬，可以支

在树干上，为身体提供额外的支撑。它们通常用喙飞快地在树干上敲击，那些藏在树干里面的害虫，被敲击震得晕头转向，四处乱窜，常常自己爬出来，送到啄木鸟的嘴边。

如果害虫不出来，或者里面藏的是不会动的虫卵，啄木鸟便把舌头沿着害虫挖的隧道伸进去，将害虫和虫卵连钩带粘地拖到洞外。

啄木鸟的特殊构造

啄木鸟的舌细长而富弹性，其舌根是一条弹性结缔组织，它从下腭穿出，向上绕过后脑壳，在脑顶前部进入右鼻孔固定，只留左鼻孔呼吸。

这种“弹簧刀式装置”可使舌能伸出喙外达12厘米长，加上舌尖生有短钩，舌面具有黏液，所以舌能探入洞内钩捕30余种树干害虫，不管害虫或虫卵藏得有多深，都逃不脱它这样的舌头。啄木鸟每天敲击树木约为500次至600次，啄木的频率极快，这样它的头部则不可避免地要受到非常剧烈的震动，但它既不会得脑震荡，也不会头痛。

原来，在啄木鸟的头上至少有3层防震装置，它的头骨结构疏松而充满空气，头骨的内部还有一层坚韧的外脑膜，在外脑膜和脑髓之间有一条狭窄的空隙，里面含有液体，这样就会减低震波的流体传动，起到了消震的作用。

由于突然旋转的运动比直线的水平运动

gèng róng yì zào chéng nǎo sǔn shāng suǒ yǐ zài tā tóu de liǎng cè dōu shēng
更容易造成脑损伤，所以在它头的两侧都生
yǒu fā dá ér qiáng yǒu lì de jī ròu kě yǐ qǐ dào fáng zhèn xiāo
有发达而强有力的肌肉，可以起到防震、消
zhèn de zuò yòng
震的作用。

yì zhī zhuó mù niǎo měi tiān néng xiāo miè shàng qiān tiáo cáng zài shù gàn
一只啄木鸟每天能消灭上千条藏在树干
lǐ de hài chóng zài yù chú qī jiān měi tiān hái yào wèi gěi xiǎo zhuó
里的害虫，在育雏期间，每天还要喂给小啄
mù niǎo shàng bǎi tiáo chóng zi
木鸟上百条虫子。

zài wǒ guó fēn bù jiào guǎng de zhuó mù niǎo zhǒng lèi yǒu lǜ zhuó mù
在我国分布较广的啄木鸟种类有绿啄木
niǎo hé bān zhuó mù niǎo tā men mì shí tiān niú jí dīng chóng tòu
鸟和斑啄木鸟。它们觅食天牛、吉丁虫、透
chì é chǔn chóng děng yǒu hài chóng měi tiān néng chī diào dà yuē
翅蛾、蠢虫等有害虫，每天能吃掉大约1500
tiáo yí duì zhuó mù niǎo kě shǐ jǐ bǎi mǔ de sēn lín miǎn zāo chóng hài
条。一对啄木鸟可使几百亩的森林免遭虫害，
suǒ yǐ rén men dōu shuō zhuó mù niǎo shì sēn lín de wèi shì
所以人们都说啄木鸟是“森林的卫士”！

能学人说话的鹦鹉

会说人话的鹦鹉

从古至今，鹦鹉学舌的出色本领，引起人们的莫大兴趣。

有趣的是一英国妇女饲养的一只鹦鹉。一天，这只鹦鹉在树林中迷了路，被一个农民捉住。鹦鹉到农民家后，反复念叨一个6位数字。农民感到奇怪，他试着按这个

shù zì bō diàn huà guǒ rán zhǎo dào le yīng wǔ de nǚ zhǔ ren
数字拨电话，果然找到了鹦鹉的女主人！

měi guó céng jǔ xíng guò yí cì bié kāi shēng miàn de dòng wù shuō
美国曾举行过一次别开生面的动物“说
huà bǐ sài sài chǎng shang shù qiān zhī gè sè niǎo er jìng xiāng
话”比赛。赛场上，数千只各色鸟儿竞相
xué shé yì zhī fēi zhōu huī yīng wǔ duó dé guàn jūn tā yì kǒu qì
学舌，一只非洲灰鹦鹉夺得冠军。它一口气
shuō chū le gè bù tóng de yīng yǔ dān cí
“说”出了1000个不同的英语单词。

yīng wǔ shì niǎo lèi wèi shén me tā men néng xué huì shuō rén huà
鹦鹉是鸟类，为什么它们能学会说人话
ne qí shí yīng wǔ huì shuō rén huà zhǐ shì shuō tā men néng mó fǎng rén
呢？其实鹦鹉会说人话，只是说它们能模仿人
shuō huà de shēng yīn zhì yú suǒ xué de huà shì shén me yì si tā
说话的声音，至于所学的话是什么意思，它
men kě jiù wán quán bù zhī dào le
们可就完全不知道了。

yīng wǔ wèi hé néng shuō rén huà
鹦鹉为何能说人话

yīng wǔ wèi shén me huì shuō huà qí shí mì mì jiù zài yú tā
鹦鹉为什么会说话，其实秘密就在于它
tè shū de shēng lǐ gòu zào míng guǎn hé shé tou suī rán dōu huì
特殊的生理构造：鸣管和舌头。虽然都会
shuō huà dàn yīng wǔ de fā shēng qì yǔ rén lèi de shēng dài yǒu suǒ bù
说话，但鹦鹉的发声器与人类的声带有所不
tóng yīng wǔ de fā shēng qì jiào míng guǎn wèi yú qì guǎn yǔ zhī qì
同，鹦鹉的发声器叫鸣管，位于气管与支气
guǎn de jiāo jiè chù yóu zuì xià bù de zhì duì qì guǎn péng dà biàn
管的交界处，由最下部的3至6对气管膨大变
xíng hòu yǔ qí zuǒ yòu xiāng lín de duì biàn xíng zhī qì guǎn gòng tóng gòu
形后与其左右相邻的3对变形支气管共同构
chéng yì bān de niǎo er néng gòu fā chū bù tóng pín lǜ bù tóng de
成。一般的鸟儿能够发出不同频率、不同的
gāo dī shēng yīn nà shì yīn wèi dāng qì liú jìn rù míng guǎn hòu
高低声音，那是因为当气流进入鸣管后，

随着鸣管壁的震颤而发出不同的声音。而鹦鹉的发声器官除了具备最基本的鸟类特征之外，其构造比一般的鸟儿更加完善。

在鹦鹉的鸣管中有四五对调节鸣管管径、声率、张力的特殊肌肉，即鸣肌。在神经系统的控制下，鸣肌收缩或松弛，从而发出鸣叫声。

在整个器官构造上，鸣管也与人的声带构造很相近，只不过人的声带从喉咙至舌端有20厘米，呈直角，而鹦鹉的鸣管至舌段有15厘米，呈近似直角的钝角。鹦鹉的鸣管的这个角度就是决定发音的音节和腔调的关键，越接近直角，发声的

音节感和腔调感越强，鹦鹉就能够像人类一样发出抑扬顿挫的声音和音节。

再说舌头，鹦鹉的舌头非常发达，圆滑而肥厚柔软，形状也与人的舌头非常相似，正是因为具备了这些标准的发声条件，鹦鹉便可以发出一些简单但准确清晰的音节了。鹦鹉有美丽的羽毛，乖巧机敏的灵性，还能模仿人的语言，因此备受人们的宠爱。

dà xíng hǎi niǎo xìn tiān wēng
大型海鸟信天翁

zuì cháng shòu de niǎo xìn tiān wēng
最长寿的鸟信天翁

xìn tiān wēng shì yì zhǒng dà xíng hǎi niǎo, yě bèi rèn wéi shì zuì cháng shòu de niǎo, piāo bó xìn tiān wēng dà yuē néng huó 80 suì。xìn tiān wēng de tǐ cháng yuē 1 mǐ, zhǎn kāi shuāng chì kě dá 4 mǐ。

信天翁是一种大型海鸟，也被认为是最长寿的鸟，漂泊信天翁大约能活80岁。信天翁的体长约1米，展开双翅可达4米。

信天翁也是出了名的食腐动物，喜食从船上扔下的废弃物。它们的饮食范围很广，但经过对它们胃内食物成分的详细分析，发现鱼、乌贼、甲壳类构成了信天翁最主要的食物来源。它们主要在海面上猎捕这些食物，但偶尔也会像鲣鸟一样钻入水中。

信天翁飞翔能力特别强，速度也很快，一天连续飞翔可达400千米至600千米。它特别善于滑翔，尤其擅长借助风势飞翔，可以在海面上不扇动翅膀飞翔几个小时。它们需要逆风起飞，有时还要助跑或从悬崖边缘起飞。无风时，则难于使其笨重的身体升空，

多漂浮在水面上。

正因为风可以帮助它滑翔，所以当海面上大风将起时，也正是信天翁最高兴最活跃的时候。但是，这种天气对于出海捕鱼的人来说是最糟糕的。渔民一见到信天翁大量聚集海面上空，就知道天气要变坏，得赶快寻找避风港。

信天翁保卫地盘的意识特别强。当遇到外敌入侵时，它们会在鸟王的呼唤和带领下，奋力与敌人搏斗，赶走敌害。如遇强敌，它们会宁死不屈，保卫家园。

信天翁的生存繁衍

信天翁仅在繁殖时才成群地登上远离大陆的海岛。

在那里，它们成群或成对从事交配行为，其中包括展翅和啄嘴表演，伴随着大声鸣叫。

之后，每窝会出产一枚大白卵。卵产在地面上或简易堆起的巢里，孵卵是分工合作的，雌的专门负责孵卵，雄的专门在巢外负责警卫，孵卵需75天～82天。

幼雏成长很慢，尤其是大型种类者；幼雏孵出后3个月～10个月才长齐飞羽，之后在海上度过5年～10年，在到陆地配对前，换过几次羽。它们在岸上表现得十分驯顺，因此，许多信天翁又称“呆鸥”或“笨鸟”。

漫游信天翁

是南极地区最大的鸟，也是世界鸟类之王。它身披洁白色羽毛，尾端和翼尖带有黑色斑纹，躯体呈流线型，展翅飞翔时，翅端间距可达三四米。

它日行千里，习以为常，连飞数日，仍不觉疲倦，甚至绕极地飞翔也锐气不减。漫游信天翁被航海家誉为“吉祥之鸟”和“导航之鸟”。

船只航行在咆哮的南大洋上时，通常可以看到它们不辞劳苦，飞奔而至，盘旋翱翔，为船只领航。

zuì bú pà lěng de qǐ é

最不怕冷的企鹅

zài shuǐ dǐ fēi xíng de niǎo lèi

在水底“飞行”的鸟类

dōng tiān lái le wǒ men chuān shàng hòu hòu de máo shān hái shi
冬天来了，我们穿上厚厚的毛衫，还是
lěng wǒ men zài chuān shàng hòu hòu de mián ǎo huò huá xuě shān hǎo xiàng
冷。我们再穿上厚厚的棉袄或滑雪衫，好像
hái shi dǎng bu zhù hū xiào ér lái de xī běi fēng kě shì zài bīng tiān
还是挡不住呼啸而来的西北风。可是，在冰天
xuě dì de nán jí yáo yáo huang huàng de qǐ é men yì diǎnr yě bù
雪地的南极，摇摇晃晃的企鹅们一点儿也不

觉得冷，它们不但照样到冰冷的海水里去抓鱼吃，还要在这样的气候下生儿育女。它们为什么就不怕冷呢？

企鹅是最古老的一种游禽，是一群不会飞的鸟类。化石显示，最早的企鹅是能够飞的，但到了65万年前，它们的翅膀慢慢演化成了能够下水游泳的鳍肢，成为现在的企鹅。企鹅双脚基本上与其它飞行鸟类差不多，但它们的骨骼坚硬，并比较短且平。这种特征配合有如船桨的短翼，使企鹅可以在

水底“飞行”。

企鹅的主要食物是鱼类、甲壳类和软体动物等。南半球陆地少，海洋面宽，水产丰富，为企鹅提供了充沛的食物来源。企鹅双眼由于有平坦的眼角膜，可在水底及水面看东西，双眼可以把影像传至脑部作为食物来源。企鹅没有牙齿，但舌头以及上颚有倒刺，以适应吞食鱼虾等食物。

企鹅为什么不怕冷

南极是地球上最寒冷的地方，人们曾测得这里的最低温度是零下88.3℃。企鹅世世代代生活在南极，早就练就了一身适应南极恶劣环境的硬功夫，可以说是最不怕冷的鸟类。

企鹅和人类一样，都是温血动物，为了不让热量跑出去，它们的身上一共穿了4层“衣服”：

第一层“衣服”是最外层的，又密又细的

羽毛，均匀地覆盖住全身，连水都透不进去。

第二层“衣服”则是空气，能绝缘保暖，使热气不容易散失，效果比穿上羽绒衣还好。

企鹅的羽毛和皮肤之间有一层空气，因此企鹅在刚下水游弋时，羽毛会比较蓬松，身体上会不停地冒出小气泡，目的就是为了让空气散开，好让身体顺利潜进水里。一上岸则会不停地甩甩身子，一方面是甩水，另一方面则是借着甩身体的动作，让空气又再回流到身体内部，保持体温。

第三层才是皮肤。

第四层则是它那厚厚的脂肪，也起着保温的作用。

在这些先进的保暖措施下，不但海水难以浸透，就是气温在零下近100℃，也休想攻破它保温的防线。

企鹅不怕冷却怕热，因为企鹅没有办法脱下它身上的羽绒衣服。

所以，海洋水族馆在养育了企鹅以后，一定得为它们创造一个比较寒冷的环境，要不然，用不了多久，企鹅就会热得受不了而有生命危险。

jiè cháo fū luǎn de dù juān

借巢孵卵的杜鹃

cuī chūn bù gǔ de fú niǎo

催春布谷的“福鸟”

chūn mò xià chū, cháng cháng kě yǐ tīng dào “bù gǔ! bù gǔ!” de jiào shēng, huò zhě jiào “zǎo zhǒng bāo gǔ! zǎo zhǒng bāo gǔ!” huò zhě jiào “bù rú guī qù! bù rú guī qù!”。

春末夏初，常常可以听到“布谷！布谷！”的叫声，或者叫“早种包谷！早种包谷！”或者叫“不如归去！不如归去！”。

zhè zhǒng shēng yīn qīng cuì、yōu yáng, fēi cháng yuè ěr dòng tīng。

这种声音清脆、悠扬，非常悦耳动听。

山民们都叫它“布谷鸟”，实际就是杜鹃。它是催春鸟，吉祥鸟，因此也叫“布谷鸟”与“子规鸟”。相传它是望帝杜宇死后的化身变的，而杜宇又是历史上的开明皇帝，当他看到鳖灵相治水有功，百姓安居乐业，便主动让王位给他，他自己不久就去世了。他死后便化作杜鹃鸟，日夜啼叫，催春降福，所以这种鸟十分逗人喜爱。普通杜鹃身长约16厘米，羽毛大部分或部分呈明亮的鲜绿色。大型的地栖杜鹃身长可达90厘米。多数地栖杜鹃呈土灰色或褐色，也有些身上有红色或白色的斑纹。有些热带杜鹃的背上翅膀上有像彩虹一样的蓝色。杜鹃的翅短，尾巴较长，有

de tè bié cháng wěi ba yǔ máo de jiān duān hái diǎn zhuì zhe bái sè
的特别长。尾巴羽毛的尖端还点缀着白色。

dì qī dù juān de tuǐ bǐ shù qī dù juān cháng jiǎo zhǎng qián hòu yǒu shuāng
地栖杜鹃的腿比树栖杜鹃长。脚掌前后有双

zhǐ huì cū zhuàng jiē shi yǒu diǎn xiàng xià wān qū dù juān qī
趾。喙粗壮结实，有点向下弯曲。杜鹃栖

xī yú kāi kuò lín dì tè bié zài jìn shuǐ de dì fang cháng chén jiān
息于开阔林地，特别在近水的地方。常晨间

míng jiào lián xù míng jiào bàn xiǎo shí fāng shāo tíng xī tā shēng xìng dǎn
鸣叫，连续鸣叫半小时方稍停息。它生性胆

xiǎo cháng yǐn fú zài shù yè jiān píng shí jǐn tīng dào míng shēng hěn
小，常隐伏在树叶间，平时仅听到鸣声，很

shǎo jiàn dào tā
少见到它。

jiè cháo chǎn luǎn de lǎn niǎo

借巢产卵的“懒鸟”

dù juān niǎo tè bié lǎn zì jǐ cóng lái bú zhù cháo yě bú
杜鹃鸟特别懒，自己从来不筑巢，也不

会孵卵，而是喜欢偷偷地把卵产在其他鸟的巢里，让别的鸟替它孵卵和哺育幼鸟。

杜鹃的体型比较大，腹部长着许多条纹，样子和雀鹰非常相似。杜鹃要产卵的时候，通常模仿雀鹰飞翔的姿势飞到森林中，许多鸟都被吓得飞离巢穴。

杜鹃看哪个巢里的卵和自己的卵花纹相差不多，就吃掉一枚巢里的卵，迅速产下一枚卵便飞走了。

其他的鸟由于没看穿杜鹃的鬼把戏，还和以前一样尽心尽力地孵卵。杜鹃的卵孵化得特别快，只需12天小杜鹃就出壳了。

小杜鹃还未睁开眼睛，就开始做坏事了：它倒退身体，把巢里的卵挤到自己的后背上面，然后将身体一挺，就把卵扔到巢外去了。不管巢里有几个卵或幼鸟，小杜鹃都会把它们一个一个地都扔出去。这样，它才能独自享受养父母找到的食物。

虽然杜鹃产卵的方法很自私，但它是益鸟，因为它最爱吃松林中的害虫——松毛虫，这是鸟类都不大吃的食物。

fēng niǎo de fēi xiáng tè jì
蜂鸟的飞翔特技

shì jiè shang zuì xiǎo de niǎo
世界上最小的鸟

fēng niǎo shì shì jiè shang zuì xiǎo de niǎo, tóng rén de mǔ zhǐ dà xiǎo xiāng jìn, chǎn yú nán měi zhōu。 fēng niǎo de dàn shì shì jiè zuì xiǎo de dàn, zhǐ yǒu dòu lì bān dà xiǎo。 fēng niǎo de zuǐ xì cháng, chéng guǎn zhuàng, shé néng zì yóu shēn suō。

蜂鸟是世界上最小的鸟，同人的拇指大小相近，产于南美洲。蜂鸟的蛋是世界最小的蛋，只有豆粒般大小。蜂鸟的嘴细长，呈管状，舌能自由伸缩。

蜂鸟体强，肌肉强健，体羽稀疏，外表鳞片状，常显金属光泽。少数种雌雄外形相似，但大多数种雌雄有差异。后一类的雄鸟有各种漂亮的装饰，颈部有虹彩围涎状羽毛，颜色各异。其他特异之处是由冠和翼羽的短粗羽轴，抹刀形、金属丝状或旗形尾状，大腿上有蓬松的羽毛丛(常为白色)。它有很高的飞翔技巧和惊人的速度。

fēng niǎo de chì bǎng duǎn xiǎo ér yǒu lì shān dòng sù dù dá dào
蜂鸟的翅膀短小而有力，扇动速度达到
měi miǎo zhōng cì shì gē zi de bèi tā jù yǒu qí tā niǎo
每秒钟70次，是鸽子的10倍，它具有其他鸟
méi yǒu de fēi xiáng tè jì néng dào tuì fēi xiáng shì wéi yī kě yǐ
没有的飞翔特技，能倒退飞翔，是唯一可以
xiàng hòu fēi de niǎo néng tíng zài kōng zhōng bú dòng hái néng xiàng zhí
向后飞的鸟；能停在空中不动；还能像直
shēng jī yí yàng chuí zhí shēng jiàng
升机一样垂直升降。

zhè xiē fēi xiáng tè jì yí shì yīn wèi tā de chì bǎng shān dòng sù
这些飞翔特技一是因为它的翅膀扇动速
dù kuài èr shì yīn wèi tā chì bǎng qián duān yǒu zhuàn zhóu guān jié néng
度快；二是因为它翅膀前端有转轴关节，能
shǐ chì bǎng biàn huàn fāng xiàng zì yóu tiáo jié
使翅膀变换方向，自由调节。

fēng niǎo de tǐ xíng suī rán hěn xiǎo dàn tā de nài lì què hěn
蜂鸟的体型虽然很小，但它的耐力却很

大，每年它都要飞越800千米宽的墨西哥湾去“旅行”。

它还能飞到海拔5000米的高山上去采集花蜜。像这样的飞翔，绝大部分鸟是无法办到的。

蜂鸟的生活习性

尽管蜂鸟的大脑最多只有一粒米大小，但它们的记忆能力却相当惊人。来自英国和加拿大的科研人员发现，蜂鸟不但能记住自己

刚刚吃过的食物种类，甚至还能记住自己大约在什么时候吃的东西，因此可以轻松地吃那些还没有被自己品尝的东西。最令人吃惊的是蜂鸟的心跳特别快，每分钟达615次。

大部分蜂鸟都有迁徙的习性。迁徙距离最远的是红褐色蜂鸟和红喉蜂鸟，它们甚至能飞至3000千米之外的栖息地。生长在美国威斯康星州的红喉蜂鸟，每年秋季都会飞向几千千米外的墨西哥去过冬，来年春季再飞回来。

蜂鸟在迁徙之前会吃大量的食物，以便为远距离飞翔储备足够多的脂肪能量。

蜂鸟一旦被困在有顶的围栏里面，可能无法逃脱，因为它们在遇到威胁或被困住的时候本能反应是向上飞。这将威胁到蜂鸟的生命，它们会因为体力耗尽而在短时间内死亡。

yòng zuǐ yǎng yù hòu dài de tí hú
用嘴养育后代的鹈鹕

tí hú de zhǔ yào shí wù
鹈鹕的主要食物

tí hú shēng huó zài shuǐ biān yú shì tā de zhǔ yào shí wù tā
鹈鹕生活在水边，鱼是它的主要食物。它
yǒu yí gè cháng cháng de dà zuǐ ba zuǐ ba xià mian hái lián zhe yí gè
有一个长长的大嘴巴，嘴巴下面还连着一个
dà dà de jù yǒu tán xìng de náng zhè ge náng shì tā zuì xiǎn zhù de tè
大大的具有弹性的囊。这个囊是它最显著的特
zhēng yě shì tā móu shēng hé yǎng yù hòu dài de zhòng yào gōng jù
征，也是它谋生和养育后代的重要工具。

鹈鹕和鸬鹚一样也是捕鱼能手。它的身长150厘米左右，全身长有密而短的羽毛，羽毛多为桃红色或浅灰褐色。

在它那短小的尾羽跟部有个黄色的油脂腺，能够分泌大量的油脂，闲暇时它们经常用嘴在全身的羽毛上涂抹这种特殊的“化妆品”，使羽毛变得光滑柔软，这种油脂还能让它在游泳时滴水不沾。

鹈鹕颌下的囊像一张性能优良的渔网，当水中有许多小鱼时，它就张开嘴巴把囊一同放入水里向前游去。过一会儿，囊里就装满了水和鱼。鹈鹕把嘴巴一闭，将水从囊中挤出来，鱼就留在了囊里，这样的动作重复几次，囊里就装满了鱼。

有时，鹈鹕也会结队围着一群鱼组成马蹄形，然后一起把嘴伸到水里，很容易就能逮到鱼。鹈鹕的大嘴里能装大约15千克的鱼，或者14千克的水，如同一个大水桶。

鹈鹕的生存繁殖

到了繁殖季节，鹈鹕便选择人迹罕至的树林，在一棵高大的树木下用树枝和杂草在上面筑成巢穴。

鹈鹕通常每窝产3枚卵，卵为白色，大小如同鹅蛋。小鹈鹕的孵化和育雏任务，由父母

gòng tóng chéng dān
共同承担。

dāng xiǎo tí hú fū huà chu lai hòu tí hú fù mǔ jiāng zì jǐ bàn
当小鹈鹕孵化出来后，鹈鹕父母将自己半
xiāo huà de shí wù tǔ zài cháo xué lǐ gōng xiǎo tí hú shí yòng
消化的食物吐在巢穴里，供小鹈鹕食用。

xiǎo tí hú zài zhǎng dà yì diǎn shí fù mǔ jiù jiāng zì jǐ de
小鹈鹕再长大一点时，父母就将自己的
dà zuǐ zhāng kāi ràng xiǎo tí hú jiāng nǎo dai shēn rù tā men de hóu náng
大嘴张开，让小鹈鹕将脑袋伸入它们的喉囊
zhōng jí qǔ shí wù
中，汲取食物。

yǒu shí xiǎo tí hú jiù zhàn zài fù mǔ de dà zuǐ li chī shi hái
有时小鹈鹕就站在父母的大嘴里吃食。孩
zi men jiù zài zhè ge tè shū de dà wǎn lǐ jìn qíng de xiǎng yòng
子们就在这个特殊的“大碗”里尽情地享用
měi cān
美餐。

tí hú cóng shuǐ miàn qǐ fēi de shí hou tā xiān zài shuǐ miàn kuài
鹈鹕从水面起飞的时候，它先在水面快
sù shān dòng chì bǎng shuāng jiǎo zài shuǐ zhōng bú duàn huá shuǐ zài jù
速扇动翅膀，双脚在水中不断划水。在巨
dà de tuī lì zuò yòng xià tí hú zhú jiàn jiā sù rán hòu màn màn
大的推力作用下，鹈鹕逐渐加速，然后，慢慢
dá dào qǐ fēi de sù dù tuō lí shuǐ miàn huǎn huǎn de fēi shàng tiān
达到起飞的速度，脱离水面缓缓地飞上天
kōng yǒu de shí hou chī de tài duō xiǎn de fēi cháng bèn zhòng
空。有的时候，吃得太多，显得非常笨重，
jiù bù néng shùn lì de qǐ fēi zhǐ néng fú zài hǎi miàn le
就不能顺利地起飞，只能浮在海面了。

tí hú zài lù shang dòng zuò hěn bèn zhuō dàn fēi xiáng zī shì yōu
鹈鹕在陆上动作很笨拙，但飞翔姿势优
měi tōng cháng chéng xiǎo qún fēi xiáng zài gāo kōng áo xiáng bìng jīng cháng
美。通常成小群飞翔，在高空翱翔并经常
yì qí pāi dòng chì bǎng
一齐拍动翅膀。

shēng sǐ xiāng xǔ de dà yàn
生死相许的大雁

xiù cái hào qí bǔ yàn
秀才好奇捕雁

shān xī shěng fén shuǐ de dōng àn cōng cōng de xíng zǒu zhe yí wèi nián qīng de xiù cái tā jiào yuán hǎo wèn shì cóng jiā xiāng xiù róng qù tài yuán de
山西省汾水的东岸，匆匆地行走着一位年轻的秀才，他叫元好问，是从家乡秀容去太原的。

dào le yáng qū xiàn chéng wài yuán hǎo wèn yù shàng yí wèi liè
到了阳曲县城外，元好问遇上一位猎

rén zhāng luó zhe bǔ liè lú wěi cóng zhōng de dà yàn. cǐ kè tā yě zǒu lèi le, biàn tíng xia lai zhàn zài shù yīn xià, guān kàn liè rén rú hé bǔ huò fēi niǎo.

人张罗着捕猎芦苇丛中的大雁。此刻他也走累了，便停下来站在树荫下，观看猎人如何捕获飞鸟。

liè rén yuǎn yuǎn de zài lú wěi nán bian de liǎng kē dà shù shang zhāng qǐ yì zhāng dà wǎng, yòu dài zhe liè quǎn rào dào lú wěi cóng de běi bian. nà liè rén huī dòng zhe yì gēn cháng cháng de zhú gān, dà shēng gǔ zào zhe, jī dǎ zhe shuǐ miàn. liè quǎn tīng dào gōng jī de xìn hào, yì tóu cuān jìn mì mì de lú wěi zhōng, "wāng wāng" jiào zhe, bāng zhǔ ren qū gǎn xiē xi zài shuǐ miàn shang de dà yàn.

猎人远远地在芦苇南边的两棵大树上张起一张大网，又带着猎犬绕到芦苇丛的北边。那猎人挥动着一根长长的竹竿，大声鼓噪着，击打着水面。猎犬听到攻击的信号，一头蹿进密密的芦苇中，“汪汪”叫着，帮主人驱赶歇息在水面上的大雁。

chéng gōng bǔ huò cí yàn

成功捕获雌雁

zhè yì qún dà yàn cóng yáo yuǎn de běi fāng fēi lái, jīng guò le jǐ qiān qiān mǐ de cháng tú bá shè, zhèng zài lú wěi cóng zhōng bǔ yú zhuō

这一群大雁从遥远的北方飞来，经过了几千千米的长途跋涉，正在芦苇丛中捕鱼捉

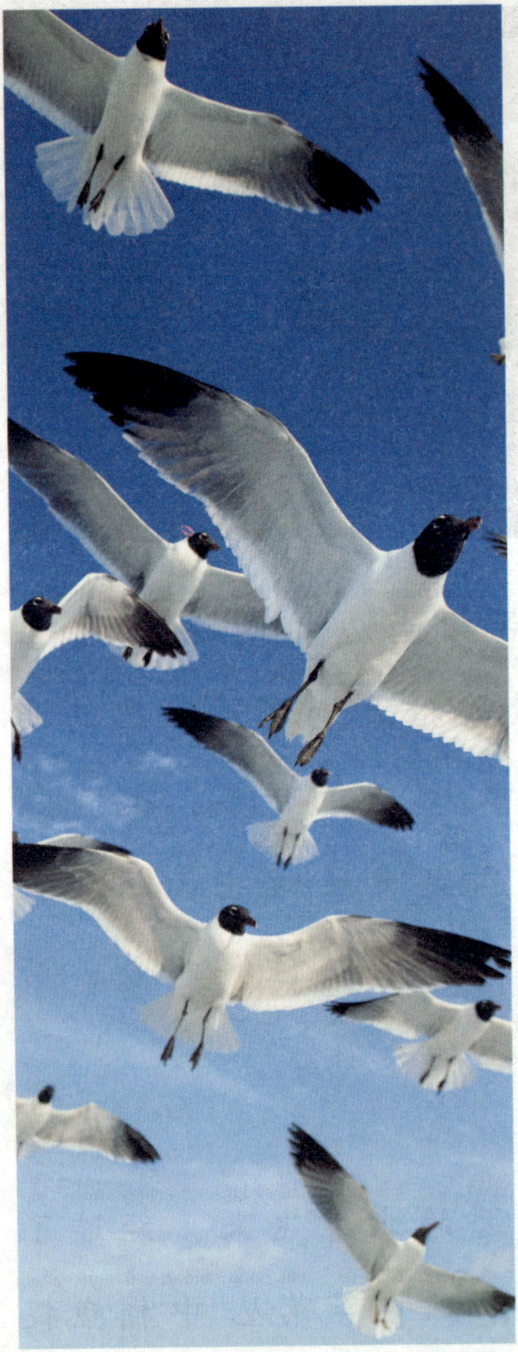

xiā yǐ bǔ chōng tǐ lì
虾，以补充体力。

zāo dào zhè tū rán de
遭到这突然的
xí jī biàn xiā xiā jīng
袭击，便“呷呷”惊
jiào zhe cóng shuǐ miàn fēi lüè
叫着，从水面飞掠
ér qǐ lú wěi nán duān de
而起，芦苇南端的
dà yàn zhōng yǒu liǎng zhī què
大雁中，有两只却
yì tóu zhuàng jìn le dà wǎng
一头撞进了大网，
nǎo dai qiǎ zài wǎng yǎn li
脑袋卡在网眼里，
yuè shì zhèng zhá jiù yuè shì
越是挣扎，就越是
bèi jǐn jǐn de jiū chán zhe zài
被紧紧地纠缠着，再
yě wú fǎ zhèng tuō
也无法挣脱。

liè rén kàn dào yǒu le
猎人看到有了
shōu huò hā hā dà xiào zhe
收获，哈哈大笑着
zǒu shàng qián qù ná dào shǒu
走上前去拿到手
de liè wù tā fàng sōng wǎng
的猎物。他放松网
shéng shēn shǒu qù zhuā yì zhī
绳，伸手去抓一只

xióng yàn
雄雁。

jiù zài tā bǎ xióng yàn cóng wǎng zhōng tuō chū de shí hou yàn er
就在他把雄雁从网中拖出的时候，雁儿
pīn mìng yí zhèng shuāng chì hěn hěn pāi da zhe liè rén de shǒu bèi
拼命一挣，双翅狠狠拍打着猎人的手背。

liè rén yì huāng yì bǎ méi zhuā láo jìng yǎn zhēng zhēng de wàng
猎人一慌，一把没抓牢，竟眼睁睁地望
zhe tā tuō shǒu ér qù zhǎng zhōng zhǐ shèng xià le jǐ piàn yàn máo
着它脱手而去，掌中只剩下了几片雁毛。

wàng zhe pū pū fēi dào kōng zhōng de xióng yàn liè rén yòu
望着“扑扑”飞到空中的雄雁，猎人又
huǐ yòu hèn méi děng bǎ lìng yì zhī yàn cóng wǎng lǐ tuō chū tā biàn
悔又恨，没等把另一只雁从网里拖出，他便
shǐ jìn de niǔ duàn le tā de bó zi lián wǎng dài yàn yì qǐ zhì dào le
使劲地扭断了它的脖子，连网带雁一起掷到了
dì shang
地上。

雄雁以死相随

元好问看到一场捕猎已经结束，正想继续前进，突然听到头顶上传来一阵凄惨的雁叫声。

他抬头一看，刚才从芦苇里飞上天的一群大雁已经排成人字队形，继续朝南飞去。只有逃脱的那只雄雁，还在猎人头顶上盘旋。

这只雄雁飞了一圈又一圈，不断长声

āi míng sì hū xiǎng zhào huàn dì shang nà zhī jǐng duàn gǔ zhé de cí
哀鸣，似乎想召唤地上那只颈断骨折的雌
yàn chóng xīn gēn tā áo xiáng cháng kōng bǐ yì qí fēi
雁，重新跟它翱翔长空，比翼齐飞。

tū rán tiān kōng zhōng yòu chuán lái yì shēng cǎn jiào hū
突然，天空中又传来一声惨叫，“呼
hū yí zhèn xiǎng shēng guò hòu nà zhī gū yàn tū rán shōu lǒng shuāng
呼”一阵响声过后，那只孤雁突然收拢双
chì tóu cháo xià jiàn yì bān de dào zāi xia lai pā de yì
翅，头朝下箭一般地倒栽下来，“啪”的一
shēng rú tóng yí kuài shí tou luò dì zhuàng zài dà wǎng fù jìn yí kuài
声，如同一块石头落地，撞在大网附近一块
jù shí shàng nǎo suì chì zhé shuāi chéng yì tān xuè ròu
巨石上，脑碎翅折，摔成一摊血肉。

yuán hǎo wèn a de jīng jiào le yì shēng sān bù bìng zuò
元好问“啊”地惊叫了一声，三步并作
liǎng bù pǎo shàng qián qù dāi dāi de zhàn zài liǎng zhī dà yàn shēn biān
两步跑上前去，呆呆地站在两只大雁身边，
yì shí jiān shuō bù chū huà lái
一时间说不出话来。

那位捕雁的猎人也愣住了，目瞪口呆地站着，不断喃喃自语："咦！何苦来！何苦！"

秀才感慨万千

听着捕雁人内心的自语，元好问不禁心潮翻腾。这只不惜以身殉情的雁儿，曾与它的情侣不知遭受过多少风雨的磨难，享受过多少双飞双宿的欢乐啊！

它们正像人间痴情男女，宁愿粉身碎骨，也不肯在别离的苦痛中受煎熬，不肯形单影只，寂寞终身。它们的感情何等深厚，它们的精神又何等高尚啊！

这位年轻秀才，不禁热泪盈眶，觉得眼前的一切都渐渐模糊起来。

kōng zhōng qiáng dào zéi ōu

“空中强盗”贼鸥

guàn yú tōu dào qiǎng jié de zéi niǎo

惯于偷盗抢劫的“贼鸟”

zài nán jí yǒu yì zhǒng hè sè hǎi ōu jiào zéi ōu tīng qí
在南极，有一种褐色海鸥叫贼鸥，听其
míng jiù huì zhī dào tā dà gài bú shì shén me hǎo dōng xi rén men bǎ
名，就会知道它大概不是什么好东西，人们把
tā chēng wéi kōng zhōng qiáng dào
它称为“空中强盗”。

jǐn guǎn tā de zhǎng xiàng bìng bù shí fēn nán kàn hè sè jié
尽管它的长相并不十分难看，褐色、洁

jìng de yǔ máo hēi de fā liàng de cū zuǐ huì mù guāng jiǒng jiǒng yǒu
净的羽毛，黑得发亮的粗嘴喙，目光炯炯有
shén de yuán yǎn jing dàn qí guàn yú tōu dào qiǎng jié gěi rén yì zhǒng
神的圆眼睛，但其惯于偷盗抢劫，给人一种
tǎo yàn zhī gǎn
讨厌之感。

zéi ōu dà yuē yǒu bàn mǐ duō cháng zuǐ de qián duān shì jiān gōu
贼鸥大约有半米多长，嘴的前端是尖钩
xíng de shí fēn xiōng měng zéi ōu xǐ huan chī yú ǒu ěr yě chī
形的，十分凶猛。贼欧喜欢吃鱼，偶尔也吃
gè zhǒng shǔ lèi tā jīng cháng xí jī bìng bǔ zhuō qǐ é hé jiān niǎo de
各种鼠类，它经常袭击并捕捉企鹅和鲣鸟的
yòu chú
幼雏。

yǒu shí zéi ōu chèn zhe dà hǎi bào bú zài hái huì xí jī xiǎo
有时，贼鸥趁着大海豹不在，还会袭击小
hǎi bào tā huì yòng chì bǎng pū da yòng gōu zi yí yàng de jiān zuǐ
海豹。它会用翅膀扑打，用钩子一样的尖嘴

猛啄小海豹，等大海豹回来时，小海豹早已经被它啄得血肉模糊了。

贼鸥是企鹅的大敌。在企鹅的繁殖季节，贼鸥经常出其不意地袭击企鹅的栖息地，叼食企鹅的蛋和雏企鹅，常常闹得鸟飞蛋打，扰得四邻不安。

它们亦会两只共同合作，即一只在前头引开欲攻击之企鹅，另一只在后头取其蛋，贼鸥

之所以被誉为是“空中强盗”，主要就是因为它抢夺其他鸟类捕到的食物。

当看到其他海鸟捕到鱼时，贼鸥马上就进行突然袭击，咬住人家的尾巴或翅膀，要不然就用身体冲撞，其他海鸟被它突如其来的行为吓得扔掉鱼逃跑以后，它在鱼掉落到海里之前迅速接住，然后自己吞食掉。

有时，鲣鸟把捕到的鱼藏在嗉囊里带回去哺育幼雏，贼鸥就在半路截住鲣鸟厮打，直至鲣鸟迫不得已将嗉囊里的鱼吐出来才肯罢休。

而后，得逞的贼鸥会毫不客气地将抢来的鱼吃个精光。它一旦填饱肚皮，就蹲伏不动，消磨时光。

贼鸥的生活习性

贼鸥好吃懒做，不劳而获，它从来不自己垒窝筑巢，而是采取霸道手段，抢占其他鸟的巢窝，驱散其他鸟的家庭。

懒惰成性的贼鸥，对食物的选择并不十分严格，不管好坏，只要能填饱肚子就可以。

除了鱼、虾等海洋生物外，鸟蛋、幼鸟、海豹的尸体和鸟兽的粪便等都可以是它的美餐。

贼鸥还给科学考察者带来很大麻烦，如果不加提防，随身所带的食品，就会被贼鸥叼走。当人们不知不觉走近它的巢地时，它便不顾一切地袭来，“唧唧喳喳”在头顶上乱飞，甚至向人们俯冲，又是抓，又是啄，还向人们头上拉屎。

què zhōng měng qín　bó láo niǎo
“雀中猛禽”伯劳鸟

bó láo niǎo de wài xíng tè zhēng
伯劳鸟的外形特征

bó láo niǎo lèi xìng qing xiōng měng yǒu què zhōng měng qín zhī chēng tā shì yì zhǒng xiōng měng de xiǎo niǎo fēn bù yú chú ào dà lì yà hé lā dīng měi zhōu yǐ wài de gè gè dà lù
伯劳鸟类性情凶猛，有“雀中猛禽”之称。它是一种凶猛的小鸟，分布于除澳大利亚和拉丁美洲以外的各个大陆。

wǒ guó de bó láo niǎo dà bù fen wéi hòu niǎo cháng jiàn de yǒu zōng bèi bó láo hóng wěi bó láo hǔ wén bó láo děng
我国的伯劳鸟大部分为候鸟，常见的有棕背伯劳、红尾伯劳、虎纹伯劳等。

bó láo niǎo hè bèi bái dù shàng zuǐ gōu qū yǎn bù yǒu hēi xiàn tā men de zhǔ yào tè diǎn shì zuǐ xíng dà ér qiáng shàng zuǐ xiān duān jù gōu hé quē kè lüè
伯劳鸟褐背白肚，上嘴钩曲，眼部有黑线。它们的主要特点是嘴形大而强，上嘴先端具钩和缺刻，略

sì yīng zuǐ chì duǎn yuán tōng
似鹰嘴。翅短圆，通
cháng chéng tū wěi zhuàng
常呈凸尾状。

bó láo suī shǔ míng qín bǐ
伯劳虽属鸣禽，比
má què shāo dà dàn zuǐ dà zhǎo lì
麻雀稍大，但嘴大爪利，
xìng qing fēi cháng xiōng měng cán rěn míng shēng
性情非常凶猛残忍，鸣声
jiān ruì xiǎng liàng bó láo niǎo míng jiào shí cháng áng
尖锐响亮。伯劳鸟鸣叫时常昂
tóu qiáo wěi míng jiào yǒu lì bìng néng mó fǎng bié de niǎo míng shēng
头翘尾，鸣叫有力，并能模仿别的鸟鸣声。

bó láo niǎo de shēng huó xí xìng
伯劳鸟的生活习性

tā men yì bān dōu shì zài yáng shù cì huái xìng děng shù shang
它们一般都是在杨树、刺槐、杏等树上
zhù cháo
筑巢。

bó láo niǎo shì chī xiǎo xíng shòu lèi niǎo lèi xī yì děng gè
伯劳鸟嗜吃小形兽类、鸟类、蜥蜴等各
zhǒng kūn chóng yǐ jí qí tā huó dòng wù yǒu shí shèn zhì néng bǔ shā bǐ
种昆虫以及其他活动物，有时甚至能捕杀比
tā shēn tǐ hái dà de duō de niǎo lèi hé shòu lèi bó láo niǎo dào le qiū
它身体还大得多的鸟类和兽类。伯劳鸟到了秋
dōng qī jiān bǔ zhuō bú dào liè wù jiù jīng cháng chī zhè xiē zhù cáng
冬期间，捕捉不到猎物，就经常吃这些贮藏
wù méi chī wán de jiù yì zhí guà zài nà li
物，没吃完的就一直挂在那里。

tā men yǒu yí gè hěn tè shū de xí xìng jiù shì wǎng wǎng jiāng
它们有一个很特殊的习性，就是往往将

猎取的小动物贯穿在荆棘、细的树枝甚至铁丝网的倒钩上，然后用嘴撕食物。

有时，伯劳鸟将捕获的昆虫、青蛙或蜥蜴等贯穿在没有长树叶的树枝上，但事后却忘记了来撕食物，经过风吹日晒之后，这些小动物就变成了干瘪的尸体。

过一些时候，树枝梢上长出了分枝和绿叶，就变成了一种非常奇怪的现象：在一条树枝上穿着几个昆虫、青蛙或蜥蜴之类的又干又瘪的尸体，而枝梢上却长出了繁茂的细枝和绿叶。

这个“恶作剧”的做法使伯劳鸟在西方国家得到了“屠夫鸟”的

恶名。

在猎食时，伯劳鸟往往先在距离猎物较远的地方窥视着，然后一步一步地慢慢靠近，等到快要接近目标时，才突然猛扑过去。

有时候，伯劳鸟也会静静地栖息在树枝上，久久不动，等着小昆虫自投罗网。如果捕到的猎物一时不准备吃，就挂在自己地盘内的树枝上或铁丝网的尖刺上。

伯劳鸟由雌鸟孵蛋，大概两个星期就可以出生，出生后由雌、雄鸟共同喂食，12天后幼鸟就可以离巢自立了，但它们有时也会回来向父母要些食物。伯劳鸟有着很强的母性，当有蛇类动物想攻击它的巢穴时，伯劳鸟会拼命反击，保护它的幼鸟。

fù chóu de māo tóu yīng
复仇的猫头鹰

māo tóu yīng shāng rén yán zhòng
猫头鹰伤人严重

yǒu yì nián yuè de yí gè bàng wǎn hú běi shěng dān jiāng kǒu
有一年5月的一个傍晚，湖北省丹江口
shì yì jiā xìng zhāng de nóng hù tū rán zāo dào le māo tóu yīng de gōng
市一家姓张的农户，突然遭到了猫头鹰的攻
jī shuō lái qí guài zhè jiā rén yì chū mén jiù yǒu yì zhī zhuàng
击。说来奇怪，这家人一出门，就有一只壮
shi shuò dà de māo tóu yīng xiàng zhàn dòu jī nà yàng fǔ chōng xia lai diāo zhuó
实硕大的猫头鹰像战斗机那样俯冲下来叼啄

他们。女主人进进出出频繁，所以受攻击最多。有一次，她的额头竟被啄得皮开肉绽，吓得她自此不敢离家一步。

第二天清晨，男主人出门干活，刚刚迈步，猫头鹰便“嗖”地迎面扑来。只听他“哎哟”一声惨叫，右眼流血不止，急去医院检查，眼角膜不幸穿孔，当即失明。

猫头鹰伤人原因

这件事传到了市科学技术协会，他们马上派人来调查，终于弄明白了是怎么回事。

yuán lái nián chū yǒu yí duì māo tóu yīng xuǎn le zhāng jiā de qiáng
原来，年初有一对猫头鹰选了张家的墙
dòng zuò cháo tā men zài cǐ ān jū lè yè shēng ér yù nǚ bù
洞做巢。它们在此安居乐业，生儿育女。不
jiǔ jiù tiān le zhǐ kě ài de xiǎo māo tóu yīng chéng tiān jī jī jī
久就添了5只可爱的小猫头鹰，成天“叽叽叽
jī de huān jiào kě shì yì tiān shàng wǔ tā men bèi cūn li
叽”地欢叫。可是，一天上午，它们被村里
de yì qún táo qì xiǎo hái zhù yì shàng le hái zi men bù zhī dào māo
的一群淘气小孩注意上了。孩子们不知道猫
tóu yīng shì yì niǎo yīng gāi hǎo hǎo bǎo hù jìng qù chāo jiā zhuō tā men
头鹰是益鸟，应该好好保护，竟去抄家捉它们
de yòu zǎi tā men pá shàng tī zi yòng gùn zi zài qiáng dòng li luàn dǎo
的幼崽。他们爬上梯子用棍子在墙洞里乱捣
yì tōng xiǎng bǎ dà māo tóu yīng gǎn zǒu hòu zài dòng shǒu zhuā tā men
一通，想把大猫头鹰赶走后，再动手抓它们
de hái zi
的孩子。

māo tóu yīng bái tiān pà guāng nà shí zhèng zài xiē xi tū rán
猫头鹰白天怕光，那时正在歇息，突然
zāo dào xí jī cí māo tóu yīng hé tā de liǎng gè ér nǚ huāng máng táo
遭到袭击。雌猫头鹰和它的两个儿女慌忙逃

命，从高高的墙洞跌下，当场摔死。雄猫头鹰和另外3只小猫头鹰被生擒活捉。孩子们各人分得一个俘虏带了回去。张家儿子小涛带回一个最小的，养在家里玩耍。

因雄猫头鹰毕竟老练，它惊魂稍定，趁逗弄它的孩子不注意，展翅飞逃而去。它飞回巢穴，见妻离子散，好不凄惨！悲痛之余，它一反常态。除了晚上捕鼠，白天也常飞出巢来，寻访小猫头鹰，也寻访它的仇人。它的巢穴离小涛家最近，很快它就听到小猫头鹰的“叽叽”叫声。它几次想救出孩子，可总未如愿。这么一来，它就更加恼怒了。于是，它采取了极端的报复手段，只要见到张家的人走出门，就不顾一切地向他们展开进攻……

孩子们的顽皮，直接造成了一个壮年男子汉的右眼失明，这可是惨痛的教训呀！

图书在版编目（CIP）数据

鱼鸟的迷藏 / 信自立著. -- 长春 : 吉林美术出版社, 2015.8（2022.3重印）
（自然奥秘探索小窗口）
ISBN 978-7-5575-0041-2

Ⅰ. ①鱼… Ⅱ. ①信… Ⅲ. ①鱼类－儿童读物②鸟类－儿童读物 Ⅳ. ①Q959.7-49②Q959.4-49

中国版本图书馆CIP数据核字(2015)第193481号

自然奥秘探索小窗口　鱼鸟的迷藏

出 版 人　赵国强
责任编辑　魏　冰
开　　本　700mm × 1000mm　1/16
印　　张　8
字　　数　46千字
版　　次　2015年8月第1版
印　　次　2022年3月第3次印刷
印　　刷　汇昌印刷（天津）有限公司
出　　版　吉林美术出版社有限责任公司
发　　行　吉林美术出版社有限责任公司
地　　址　长春市福祉大路5788号
电　　话　总编版：0431-81629572

定　　价　29.80元